住房和城乡建设部科学技术项目计划(2018-R4-008)
2021年江苏省社科基金重大项目(21ZD041)

电力工程数字监理平台理论与实践

刘　欢　姜炫丞　吴伟巍　著

东南大学出版社
SOUTHEAST UNIVERSITY PRESS
·南京·

内容提要

从产业方向来看，基于平台进行产业的升级和改造是必然方向。毋庸置疑，平台是最有效的产业升级改造方式之一，电力工程监理行业基于平台进行转型升级已急不可待。本书以电力工程数字监理平台为对象，构建了以信任机制、信用体系和溯源验证系统(CVS)为核心的平台模式。

本书研究目标是构建以建设工地为入口的电力工程数字监理平台，实现电力工程监理行业的入口式、全过程、一体化的在线平台治理模式。利用云计算、大数据、物联网等信息技术，实现数据的全过程可追溯及不可篡改，积极推进电力工程监理行业全产业链信用体系的建设和共享。推进电力工程监理服务进行平台化治理模式的改革，高效实现"看工地、查工地、管工地"的战略目标。通过"单项目、多项目、多公司"三步走，促进电力工程监理行业进行真正的转型升级。

本书针对电力工程数字监理平台进行了全面的分析，适合电力工程监理行业及其他相关行业的从业者、电力工程数字监理平台的使用者、相关研究人员，以及工程管理及电力工程等相关专业的高年级学生和研究生使用。

图书在版编目(CIP)数据

电力工程数字监理平台理论与实践 / 刘欢，姜炫丞，吴伟巍著. — 南京 ：东南大学出版社，2021.9

ISBN 978-7-5641-9666-0

Ⅰ. ①电… Ⅱ. ①刘… ②姜… ③吴… Ⅲ. ①电力工程-监督管理 Ⅳ. ①TM7

中国版本图书馆 CIP 数据核字(2021)第 186009 号

电力工程数字监理平台理论与实践

Dianli Gongcheng shuzi Jianli Pingtai Lilun Yu Shijian

著　　者 刘　欢　姜炫丞　吴伟巍
出版发行 东南大学出版社
社　　址 南京市四牌楼 2 号　邮编:210096
出 版 人 江建中
责任编辑 丁　丁
编辑邮箱 d.d.00@163.com
网　　址 http://www.seupress.com
电子邮箱 press@seupress.com
经　　销 全国各地新华书店
印　　刷 江苏凤凰数码印务有限公司
版　　次 2021 年 9 月第 1 版
印　　次 2021 年 9 月第 1 次印刷
开　　本 787 mm×1 092 mm　1/16
印　　张 彩色 8.25
字　　数 180 千
书　　号 ISBN 978-7-5641-9666-0
定　　价 118.00 元

本社图书若有印装质量问题，请直接与营销部联系。电话(传真):025-83791830

Preface 前　言

从产业方向来看，基于平台进行产业的升级和改造是必然方向。毋庸置疑，平台是最有效的产业升级改造的方式之一，电力工程监理行业基于平台进行转型升级已经急不可待。

本书的最终目标是构建以建设工地为入口的电力工程数字监理平台，实现电力工程监理行业的入口式、全过程、一体化的在线平台治理模式。利用云计算、大数据、物联网等信息技术，实现数据的全过程可追溯及不可篡改，积极推进电力工程监理行业全产业链信用体系的建设和共享。进而，推进电力工程监理服务进行平台化治理模式的改革，有效提高电力工程监理服务的绩效。最终，高效实现"看工地、查工地、管工地"的战略目标；通过"单项目、多项目、多公司"三步走，促进电力工程监理行业进行真正的转型升级。

首先，构建了电力工程数字监理平台的模式，以电力工程数字监理平台为对象，构建了以信任机制、信用体系和溯源验证系统（CVS）为核心的平台模式。其次，分析了电力工程数字监理平台的数据流程图，以全面描述平台内数据流程，综合地反映出系统中信息的流动、处理和存储情况。进而，深入研究了电力工程数字监理平台的信任机制（制度信任和技术信任）及信用体系（真实信用体系），分析了数字监理平台中制度信任与技术信任产生的过程与影响因素，并提出真实信用体系的构建可有效促进管理人员与监理人员信任关系的建立。再次，构建了溯源验证系统下电力工程数字监理平台可追溯性的分析框架，通过对数字监理平台内基础流程的分析，识别出数字监理平台内各个模块的可追溯单元（TRU）。最后，研究了电力工程数字监理平台的技术架构，分析了电力工程数字监理平台的设计思路，并从非功能性需求、安全架构、系统功能及特点、技术路线等方面进行了研究。

截至2021年4月，人员管理、考勤管理、工程台账、风险管理、问题管理、任务管理、监理日记、地图展示、质量管理、造价管理、教育培训、知识库等12个模块已开发完成，全面上线应用。毫无疑问，电力工程数字监理平台的研发和应用，为电力工程监理行业基于平台进行转型升级奠定了坚实的基础，代表着行业转型升级的必然方向。

刘欢主要参与了第3章、第4章和第6章的著作内容，姜炫丞主要参与了第5章、第6章的著作内容，吴伟巍主要参与了第1章至第5章和第7章的著作内容，并负责整体文章的统稿工作。同时，东南大学的谢凌辉、苏盛开，以及江苏兴力工程管理有限公司的揭晓、闵永有、陈民安、张欣、陈峙、陈搏卿和张远建也参加了部分章节的编写工作。此外，江苏兴力工程管理有限公司的张岳荣、唐治年，东南大学的周勤教授，在书稿写作过程中都给予了大力支持和指导。

笔　者

Contents 目　录

1 绪　　论

1.1 研究背景

从产业方向来看，基于平台进行产业的升级和改造是必然方向。毋庸置疑，平台是最有效的产业升级改造的方式之一，电力工程监理行业基于平台进行转型升级已经急不可待。平台的本质在于"解决陌生人与陌生人之间的信任"。由于双边市场具有的网络外部性特征，一旦突破临界容量之后，平台就有可能实现"赢家通吃"。

2014年6月14日，为加速建设社会信用体系、构筑诚实守信的经济社会环境，国务院印发了第一部国家级的信用建设专项规划《社会信用体系建设规划纲要（2014—2020年）》[1]。信用在社会生活中的意义开始持续深化，并在信用环境、信用评级和信用记录等实际工作中被摆到十分重要的位置，成为衡量一个地区、企业或个人基本信息的主要依据[2]。加快推进社会信用体系建设成为完善社会主义市场经济体制、加强和创新社会治理的重要手段，事关改革发展稳定大局，事关人民群众切身利益，对增强社会成员诚信意识、营造优良信用环境、提升国家整体竞争力、促进社会发展与文明进步，具有重要意义[3]。住房和城乡建设部在2017年4月印发的《建筑业发展"十三五"规划》中提出，要深化建筑业"放管服"改革，全面推进电子化审批，加快诚信体系建设，研究制定信用信息采集和分类管理标准，促进建筑业企业转型升级。

而信用体系的构建和监管制度的优化均需要一定的技术支撑，在2019年印发的《关于加快推进社会信用体系建设构建以信用为基础的新型监管机制的指导意见》中提出以加强信用监管为着力点，创新监管理念、监管制度和监管方式，建立健全贯穿市场主体全生命周期，衔接事前、事中、事后全监管环节的新型监管机制，不断提升监管能力和水平，进一步规范市场秩序，优化营商环境，推动高质量发展[4]。为形成可靠的信用监管协同机制，应不断提升信用监管信息化建设水平，强化信用监管的支撑保障，充分发挥大数据对信用监管的支撑作用，实现信用监管数据可比对、过程可追溯、问题可监测；切实加大信用信息安全和市场主体权益保护力度，积极引导行业组织和信用服务机构协同监管[5]。2019年颁布的《优化营商环境条例》中第五十六条也指出:政府及其有关部门应当充分运用互联网、大数据等技术手段,依托国家统一建立的在线监管系统,加强监管信息归集共享和关联整合,推行以远程监管、移动监管、预警防控为特征的非现场监管,提升监管的精准化、智能化水平。同年发布的《政府工作报告》中明确指出要推动传统产业改造提升,打造工业平台,拓展"智能+",为制造业转型升级赋能。

我国社会信用体系建设与信息生产力的发展相伴而行,各类信息平台成为信用制度实现的载体,社会信用体系开始不囿于传统借贷信用的定义范畴,"数据皆信用、信用皆数据"成为基本现实,社会信用的凭证和依据开始表现为信息和数据的形式,呈现出广义信用的内涵特征[6]。作为信任的基础,信用开始成为获得信任的资本,信任机制的本质变为信用信息的获取和应用[7]。通过不同种类的信用信息构建多维度个人信用体系,使信任的产生得到充分保障,从而缓解社会交易和交换过程中的信息不对称、不完备所引发的各种风险[8]。

而无论是社会还是企业内部信用体系的建设,信息的获取和分析都需依托于平台,平台运营主体可利用先进的信息技术分析处理平台用户的相关行为数据以维护平台运行,建立用户之间的互信关系[9]。其依托自身先进的数据记录、分析、加工的技术优势,通过信息审核、信息披露、数据分析、隐私保护、智能监管、公众共治、全流程记录和评价等措施,提供了一种超越传统组织可实现的信任机制[10]。通过搭建各种先进的数字化技术平台,以高效运行的程序化信任机制保证各类主体达成有效互信已经成为大多数企业进行转型升级的关键一招[11]。在信任研究领域,对电子商务和共享经济平台的研究较多,对企业内部平台的信任机制研究较少,本书通过对江苏兴力工程建设监理咨询有限公司(简称兴力监理公司)目前正在投入使用的工程监理管控平台的信任机制进行研究,为研究此类平台的共性问题提供参考。

随着信息技术的高速发展和业务量的不断增长,兴力监理公司使用的 2014 年开发的工程管控平台已相对落后,对业务开展影响较大。2019 年末,兴力监理公司响应省公司战略落地相关政策,主动对接省公司建设部,承担了"构建扁平化管理体系,全面提高监理履职能力"的战略示范项目,立足于提高电网建设工程监理服务质量,守牢安全质量底线,全面提高监理履职能力。紧扣国网公司基建改革配套政策,计划以监理标准化工作流程为抓手,借助信息化建设手段,利用钉钉软件搭建"工程监理管控平台",促进监理工作向精准化、精益化发展,从而实现"看现场、查现场、管现场"的目标。

截至 2021 年 4 月 7 日,人员管理、考勤管理、工程台账、风险管理、问题管理、任务管理、监理日记、地图展示、质量管理、造价管理、教育培训、知识库等 12 个模块已开发完成,全面上线应用。

(1) 在监理队伍管理方面,公司 357 名监理人员全部在平台进行考勤、资质证书管理,未出现关键人员兼任超规定的情况。

(2) 在风险精准管理方面，严格按照“月准备、周安排、日跟踪”的管理模式在平台管控风险，已通过平台管控772项三级风险、27项四级风险，形成旁站记录3 548份，有效抓实了监理对风险的管控力度。

(3) 在作业计划、监理履职方面，严格按照国网公司安委会“四个管住”的要求，狠抓监理对作业计划的精准掌握，已制定14 637条工作计划，形成7 758份到岗履职记录，监理人员到岗到位覆盖率提升显著。

(4) 在问题管理方面，各项目部累计已发现问题3 821条，整改闭环完成3 790条，整改闭环率达99.19%。

(5) 质量验收方面，各项目部累计已完成1 984个检验批的验收，1 157批次材料、设备的检测试验报告审核，验收数据真实，检查照片齐全。

(6) 在队伍技能提升方面，平台教育培训模块开发了培训考试、“学习知监”功能，已组织全员开展春节后培训1次，授课17项专业课程，组织各类安全规范、规程规范考试2次；公司员工在“学习知监”模块踊跃开展技术难题讨论、典型经验分享，形成“钻孔灌注桩护筒埋设要求”等有价值、有推广性的讨论成果4项。此外，已收纳1 749项电力工程建设相关规程规范、重要制度，设置了公司《技术标准清单》、监理工作文件包等标准化指导文件。

针对工程监理点多面广的特点，可利用数字监理平台构建上下贯通的扁平化管理监督体系，破解传统管理模式时间和空间滞后的难题，纵向贯通监理业务管理流程，通过平台抓实各级监理人员安全质量管理责任，根治现场管控虚化问题，促进监理工作标准化、规范化、透明化，创新采用可追溯的工作过程信息形成监理人员的真实信用体系，聚焦“人”的履职，加工、整合工程监理管控平台收集的业务数据，建立人员考评模型，可有效消除管理行业难评价的难题。为监理企业能力整体提升、电网建设安全质量发展保驾护航。

毫无疑问，电力工程数字监理平台的研发和应用，为电力工程监理行业基于平台进行转型升级奠定了坚实的基础，代表着行业转型升级的必然方向。

1.2 研究目标

本书的目标是构建以建设工地为入口的电力工程数字监理平台，实现电力工程监理行业的入口式、全过程、一体化的在线平台治理模式。利用云计算、大数据、物联网等信息技术，实现数据的全过程可追溯及不可篡改，积极推进电力工程监理行业全产业链信用体系的建设和共享。进而，推进电力工程监理服务进行平台化治理模式的改革，有效提高电力工程监理服务的绩效。最终，高效实现“看工地、查工地、管工地”的战略目标；进而，通过“单项目、多项目、多公司”三步走，促进电力工程监理行业进行真正的转型升级。

电力工程数字监理平台的整体结构如图 1-1 所示。

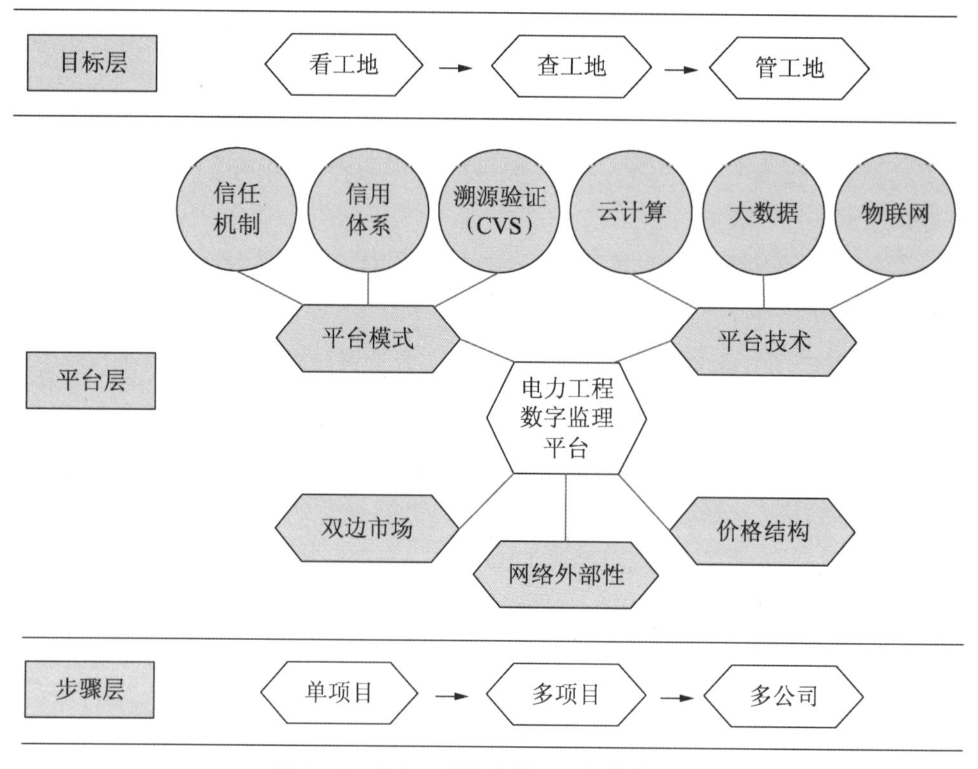

图 1-1　电力工程数字监理平台整体结构

1）电力工程数字监理平台的定义

本书中，平台是指平台经济学中定义的平台，该平台是指一种交易空间或场所，在平台上存在着两方或多方用户群体，他们通过平台进行信息交互或者进行交易[12]。平台作为市场的核心，平台本身并不生产商品，平台为用户之间顺利进行相互作用或交易提供相应的配套服务，起到媒介的作用，并通过收取恰当的费用实现自身价值最大化[13]。随着网络技术被应用到各个领域，也衍生出一批基于网络技术，以提供信息服务、电子商务等服务为主要内容的新兴产业群体。

电力工程数字监理平台，则定义为：以电力工程监理企业的人员（也可以是项目或企业）为核心用户，以网络技术等信息技术为依托构建的一个平台架构，在可追溯的基础上，为电力工程监理行业双边用户的工作流程及交易（包括工程台账到考勤管理、计划/进度管理、风险管理、问题管理、任务管理、监理日记、非输变电管理、造价管理、质量管理、履职评价）提供真实数据，最终形成电力工程监理行业人员、项目及企业的真实信用体系的一种平台化运营模式。

2）双边市场

平台（Platform）作为一种新的资源配置方式，基本涵盖了经济中最重要的产业，并成为引领新经济时代的重要经济体[14]。因此，双边市场(Two-sided Markets)理论引发学术界和产业界高度重视。Armstrong认为用户之间的交叉网络外部性(Cross Network Externality)是双边市场存在的前提条件，两边用户通过平台进行互动或交易，一边用户所得到的效用与另一边用户的规模相关，且另一边用户规模越大，本边用户可能得到的效用越大，那么，这样的市场就是双边市场[15]。

Wright也给出了类似的描述：双边市场中的平台连接了两种类型的用户，每类用户通过平台与另一类用户进行互动或交易从而获得价值，因此平台通过制定规则影响两类用户间外部性被内部化的程度，或者影响用户所享受到的外部性的程度，来迎合双边用户的需求[16]。Roson认为，如果平台服务于两组代理人，至少一组代理人的参与增加了另一组代理人参与的价值，那么这样的市场就是双边的[14]。

尽管关于双边市场的界定仍有争议，未能达成一致认识，Evans还是概括出了一个双边市场所必须满足的三个前提条件：(1) 存在两类或多类不同类型的用户；(2) 平台上不同类型用户之间相互作用会产生外部性，一边用户的数量会影响到另一边用户的效用和决策；(3) 存在这样一个平台企业，可以将两边用户之间产生的网络外部性内部化[17]。

因此，双边市场界定的定性描述，为判断一个平台是否属于双边市场提供了参考依据。本书也是按照以上三个前提条件来分析电力工程数字监理平台满足双边市场条件的。

3）网络外部性

Katz和Shapiro最早给出了网络外部性(Network Externality)的描述性定义，即消费者消费某种产品获得的价值随着消费同种产品的用户数量的增加而增加，并从影响需求的层次性角度，将网络外部性分为直接网络外部性(Direct Network Externality)和间接网络外部性(Indirect Network Externality)[18]。

网络外部性产生的根本原因是由于网络本身具有的系统性和网络内部组成部分之间信息交流的交互性[18]。首先，无论网络新增多少个节点，网络规模变得多么庞大，它们都是网络的一部分，同网络中其他节点组成一个整体；其次，网络中的任何两个节点之间都可以联系。因此，每个节点都会因网络规模的扩大而享受到更多价值，同时该网络具有的价值也越高。影响网络价值的元素主要包括用户安装基础(Installed Based)和网络外部性强度(Network Externality Strength)，用户安装基础或网络外部性强度的不同都会直接影响到网络价值大小的差异[19]。安装基础指消费者对使用某个产品的用户数量或加入一个网络的用户规模的一个预期数量，用户数量规模越大，则网络价值越高。网络外部性强度系数则反映了网络内信息流动的速度，网络外部性强度越大，则网络具有的价值越大。当用户规模超过一定数值(Critical Mass)，网络外部性就会迎来爆发性增长[20]。由于网络外部性的存在，用户得到的效用来自两个方面：一个方面是产品具有的内在价值带来的效用；另一个方面是产品具有的用户规模(即用户安装基础)带来的网络效应价值,也称"协同价值",即用户之间的相互作用带来的价值,而这部分价值就是源于网络外部性带来的价值[20]。

以上是对平台的网络外部性的直观性描述,不同产业或市场内的网络外部性强度一般不同,而且平台所处的发展阶段不同,网络外部性强度也会存在差异,需要根据实际数据进行测定[21]。

4) 价格结构

指平台对于双边用户的定价不是完全一样的,会存在倾斜现象,即平台对于一边用户收费较低而对另一边用户收费较高。因为只有双边有需求的用户都加入平台,平台才能实现价值,所以必须努力吸引用户加入平台,如何制定合适的价格结构则成为解决这一问题的手段。电力工程行业在数字监理平台推行的初期,如何通过合适的政策制定,实现类似价格结构上的作用和效果,是需要重点参考价格结构理论及思路的指导。

5) 三步走:单项目、多项目、多公司

在单项目阶段,平台主要是基于单个企业的单个项目进行试点,初步形成项目上的人员信用等信用体系(人、材、机、环境、过程、结果),如图 1-2 所示。

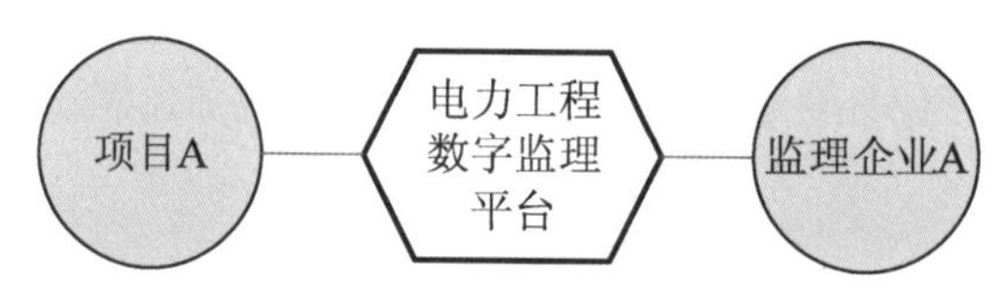

图 1-2　单项目示意图

在多项目阶段,平台主要是基于单个企业的多个项目进行应用,初步形成项目的信用体系。项目的信用体系,由项目上的人、材、机、环境、过程、结果等基础信用体系构成,如图 1-3 所示。

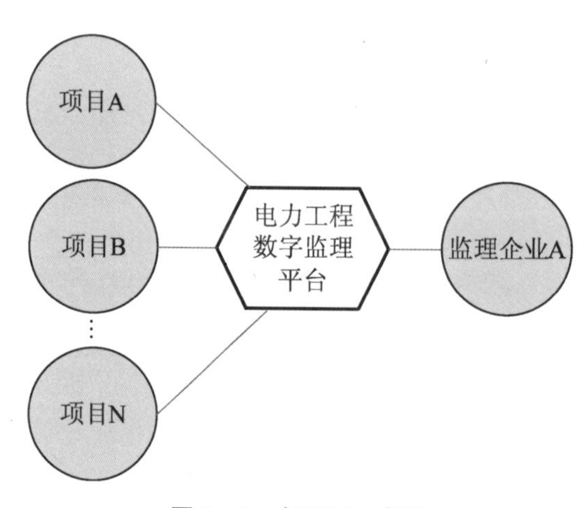

图 1-3　多项目示意图

在多公司阶段，平台主要是基于多个企业的多个项目进行应用，形成了行业公认的公司信用体系。公司信用体系则由项目的信用体系构成。从而完成了整个行业的信用体系构建，实现了行业的转型升级和改造，如图 1-4 所示。

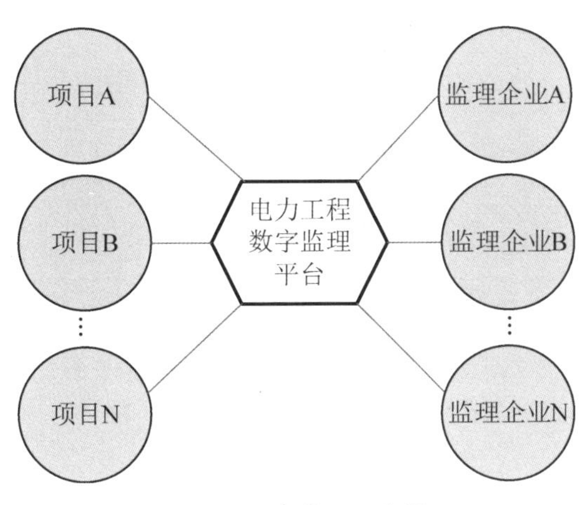

图 1-4　多公司示意图

1.3　研究意义

本书围绕监理企业平台化、监理服务信息化的发展趋势，开展带有全局性、方向性、指导性和长期性的电力工程数字监理平台发展的研究，探究数字监理平台在电力工程监理企业中应用的合理性和必要性，以"可追溯"为核心，分析数字监理平台优化管控手段和管理体系的理论依据。

(1) 通过对数字监理平台内信任和可追溯性的分析，为数字监理平台日后的更新、升级指明方向。平台内信息的可追溯性作为用户间建立信任关系的基础，是数字监理平台的功能核心，通过对平台内整体架构和具体模块应用的分析，可验证数字监理平台实现的可追溯性程度与效果，并为后续优化明确目标。

(2) 为数字监理平台在兴力监理公司内应用的合理性和必要性提供理论支撑。兴力监理公司作为电力工程监理单位，自成立以来，工程足迹遍及全省，并有少量外省项目。近年来，业务量呈高速增长趋势，传统的业务管控手段信息展示手段单一，主要依托文字和图表的形式，数据关联性较差，数据的真实、准确、及时缺乏保证，难以满足工程监理点多面广的实际状况，已经制约兴力监理公司的进一步发展。本项目结合数字监理平台在兴力监理公司内的应用情况，选取合适的、科学的平台研究理论和方法，以架起理论支撑框架。

(3) 为监理行业数字化、信息化转型升级提供一定实践依据，从而促使数字监理平台的推广使用。国家正大力推进新基建，行业数字化改造和数字化赋能，将是一个重大的机会，工程监理是一种第三方的高智能有偿技术服务，通过数字监理平台提升服务质量、提高服务效率是企业转型提质的关键一招，数字监理平台的应用必然成为监理企业发展的趋势。

1.4 研究内容与方法

1.4.1 主要研究内容

1）构建了电力工程数字监理平台的模式

本书以电力工程数字监理平台为对象，构建了以信任机制、信用体系和溯源验证（CVS）系统为核心的平台模式，建立了以云计算、大数据和物联网为基础的平台技术体系，在平台的网络外部性、临界容量、价格结构等理论框架上，规划了电力工程数字监理平台的“单项目、多项目、多公司”的“三步走”发展步骤，为高效实现“看工地、查工地、管工地”的战略目标打下了坚实的理论基础。

2）分析了电力工程数字监理平台的数据流程图

全面地描述平台内数据流程，综合地反映出系统中信息的流动、处理和存储情况。用结构化系统分析方法，从数据传递和加工角度出发，用图形方式来表达系统的逻辑功能、数据在系统内部的逻辑流向和逻辑变换过程，为本书后续具体的理论分析和案例分析打下坚实的基础。

3）深入研究了电力工程数字监理平台的信任机制及信用体系

本书研究了电力工程数字监理平台的信任机制（制度信任和技术信任）及信用体系（真实信用体系），分析了数字监理平台中制度信任与技术信任产生的过程与影响因素，并提出真实信用体系的构建可有效促进管理人员与监理人员信任关系的建立。

4）溯源验证系统下电力工程数字监理平台可追溯性分析

溯源验证系统（CVS）的核心是过程数据与结果数据的可追溯，也就是在可追溯基础上形成“人、材、机、环境”及“项目、公司”的真实信用体系。在电力工程数字监理平台可追溯框架的基础上，利用数据流程图对其进行更为详尽的分析。可追溯单元（TRU）是可以进行溯源的最小单位，每一类可追溯单元使用相同标识符（即名称）进行独一无二的识别。在此基础上，对数字监理平台 14 个模块内的可追溯单元进行确定和识别。通过对数字监理平台内基础流程的分析，识别出数字监理平台各个模块内的可追溯单元，确定了溯源验证系统（CVS）下电力工程数字监理平台实现可追溯性的整体架构。

5）分析了电力工程数字监理平台的技术架构

分析了电力工程数字监理平台的设计思路，并从非功能性需求、安全架构、系统功能及特点、技术路线等方面进行了研究。非功能性需求包括稳定性要求、界面要求、性能要求和易用性要求。安全架构包括输入输出验证、应用交互认证、通信保密性、通信完整性、身份认证、数据保密性、数据完整性和数据可用性。系统功能及特点，包括权限管理、基本数据、地图展示、智能报表、考勤打卡和视频通话。

6）统计分析了电力工程数字监理平台的运行情况

截至2021年4月，人员管理、考勤管理、工程台账、风险管理、问题管理、任务管理、监理日记、地图展示、质量管理、造价管理、教育培训、知识库等12个模块已开发完成，全面上线应用。

1.4.2 主要研究方法

1）电力工程数字监理平台基础流程分析及应用情况

本书使用数据流程图对电力工程数字监理平台基础流程进行了详尽的分析。数据流程图作为一种分析工具，在分析过程中把具体的组织机构、工作场所、物质流都去掉，只剩下信息和数据存储、流动、使用以及加工情况。因此可以全面地描述数字监理平台内数据的基本流程，综合地反映出平台中信息的流动、处理和存储情况。用结构化系统分析方法，从数据传递和加工角度出发，用图形方式来表达数字监理平台的逻辑功能以及数据在平台内部的逻辑流向和逻辑变换过程。同时，本书用柱状图、扇形图等统计图直观地表现出电力工程数字监理平台的应用情况。统计图的应用使复杂的统计数字简单化、通俗化、形象化，使人一目了然，便于理解和比较，为后续的理论研究打下基础。

2）溯源验证系统下电力工程数字监理平台可追溯性

对数字监理平台可追溯性的研究，以国外学者在食品安全领域对可追溯性的理论研究为出发点。本书使用Moe对可追溯性进行定义，把数字监理平台可追溯性定义为：通过全部或部分从工程台账到考勤管理、计划/进度管理、风险管理、问题管理、任务管理、监理日记、非输变电管理、造价管理、质量管理、履职评价的工作流程来跟踪监理工作人员及其过往工作历史情况的能力。在确定定义之后，将Aung等学者基于食品供应链中对于可追溯性的概念框架引入数字监理平台，把平台各模块内部信息的追溯称为内部追溯，而对不同模块之间数据调用的追溯则称为外部追溯。

在数字监理平台可追溯框架的基础上，利用数据流程图对其进行更为详尽的分析，在数字监理平台中确定可以用于溯源的最小单位，引入Kim等提出的可追溯单元（Traceable Resource Unit，TRU）概念。接着使用Aung等学者提出的识别方式对可追溯单元进行独一无二的识别（即一类可追溯单元使用相同标识符）。

3）电力工程数字监理平台信任机制及信用体系

本书以行为意图理论和技术信任理论为基础，构建了电力工程数字监理平台信任机制模型。信任的行为意图理论认为信任的产生是一个动态过程，施信方起初产生的信任倾向会促使其了解受信方所处的环境，从而产生制度信任。通过了解受信方的属性特征产生信任信念。当受信方为具体的技术时，这种信念被称为技术信任。技术信任理论将特定的技术分为治理型技术和功能型技术，并认为这两种技术互相影响、相辅相成。产生信任信念并不是信任关系的终点，行为意图理论认为，只有施信方达到信任阈值实施基于信任的相关行为后，信任关系才有了具体的表现，才能确定双方信任关系的建立。

4）电力工程数字监理平台技术架构

本书用思维导图的形式展示了数字监理平台的设计思路。思维导图用更直观的形式将电力工程数字监理平台的设计层次进行细分，通过总图和分图的配合达到全方位和系统地描述分析平台技术架构的目的。思维导图还有助于对所研究的问题进行深刻的和富有创造性的思考，找到解决问题的关键因素或关键环节，不断优化技术架构。同时，本书对电力工程数字监理平台的非功能性需求、安全架构、系统功能及特点、技术路线等方面进行了研究，对平台设计的需求和实现功能的特点等进行详尽列举。

项目技术路线如图1-5所示：

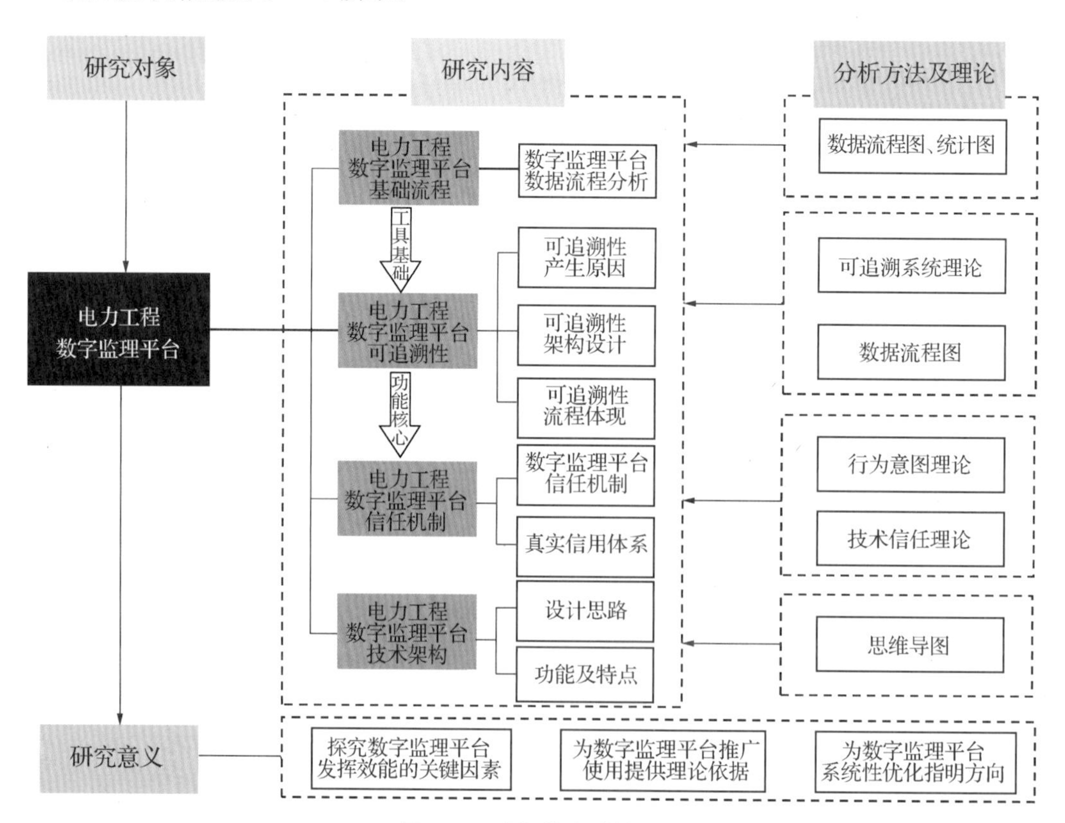

图1-5 项目技术路线图

2 理论基础及研究方法

2.1 双边市场平台经济

平台(Platform)作为一种新的企业组织形态,通过吸引用户、协调并满足不同用户的各自需求,促成用户之间的交易达成。现实生活中的平台,如媒体、银行卡等经济组织都具有双边市场特征,基本涵盖了经济中最重要的产业,并成为引领新经济时代的重要经济体[12]。因此,双边市场(Two-Sided Markets)理论引发学术界和产业界高度重视。关于双边市场的界定目前没有公认的观点,比较流行的有两种观点:一是以 Rochet 和 Tirole 主张的"价格结构说",二是以 Armstrong 为典型代表的"交叉网络外部性说"。

Rochet 和 Tirole 界定双边市场的核心思想是根据平台制定的价格结构(Price Structure)来判断的。首先,考虑一个平台企业向买方和卖方收取费用 P_1 和 P_2,如果买卖双方在平台上实现的交易量 Q 仅仅依赖于平台制定的总价格水平 $P=P_1+P_2$,也就是说,如果交易量 Q 的大小,与这个总价格在买方和卖方之间是如何分派的(即 P_1 和 P_2 的大小关系,表明了价格结构的不同)不存在相关性,那么这种市场就是单边的。与此相比,在总价格 P 保持不变的情况下,如果 P_1 和 P_2 的变化会影响到交易量 Q 大小的变化,那么这个市场就是双边的。换句话说,价格结构至关重要,平台企业必须设计价格结构以便把两边集合到平台上来[12]。这称为双边市场的价格结构非中性判断原则。另外,双边市场存在的必要条件是科斯定理的失灵(Failure of the Coase Theorem)。科斯定理的观点是:如果产权是明晰的、可交易的,不存在交易成本,并且信息是对称的,那么双方的谈判结果总是帕累托有效率的[13]。然而,现实世界中双方互动的过程中一定会存在着信息不对称,以及"为了找到彼此""谈判""监督合同执行"等交易费用的存在,因此科斯定理失效是必然的。而平台恰恰是作为第三方,更好地协调平台用户之间的需求与信息不对称,可以有效降低用户之间的交易成本,这也是平台以及平台与用户形成的双边市场存在的原因[15]。

Armstrong 认为用户之间的交叉网络外部性(Cross Network Externality)是双边市场存在的前提条件,两边用户通过平台进行互动或交易,一边用户所得到的效用与另一边用户的规模相关，且另一边用户规模越大，本边用户可能得到的效用越大，那么，这样的市场就是双边市场[15]。Wright 也给出了类似的描述：双边市场中的平台连接了两种类型的用户，每类用户通过平台与另一类用户进行互动或交易从而获得价值，因此平台通过制定规则影响两类用户间外部性被内部化的程度，或者影响用户所享受到的外部性的程度，来迎合双边用户的需求[16]。Roson 认为，如果平台服务于两组代理人，至少一组代理人的参与增加了另一组代理人参与的价值，那么这样的市场就是双边的[14]。Rysman 和 Choi 认为双边市场是这样一种市场，其中两组代理人(Agents)通过一个中介或平台互动，每组代理人的决策非常典型地通过一种外部性影响另一组代理人的产出结果[23]。

以上分析可知，双边市场的市场结构与传统的市场结构有所不同，如图 2-1 所示。传统的单边市场结构中，企业是产品和服务的提供方，用户是产品和服务的需求方，企业与用户直接进行交易互动，构成了一边市场(见图 2-2)。双边市场中的平台连接了两组不同类型的用户，平台企业为这些用户提供了一个相互作用的平台，平台并不生产双边用户需要的产品，只是提供服务使得双方用户能够更好地互动和交易。平台需要通过一边用户吸引另一边用户，只有双边用户对彼此有需求且同时加入平台，平台才能发挥自身价值。企业(一边用户 A)与平台构成一边市场，消费者(另一边用户 B)与平台构成另一边市场，这是与传统的企业—消费者这样的单边市场结构的主要区别，也是称之为双边市场的原因。虽然单边市场下的企业面对的用户群也具有不同特征，但是企业无须通过一边用户去吸引另一边用户，即不存在交叉网络外部性。

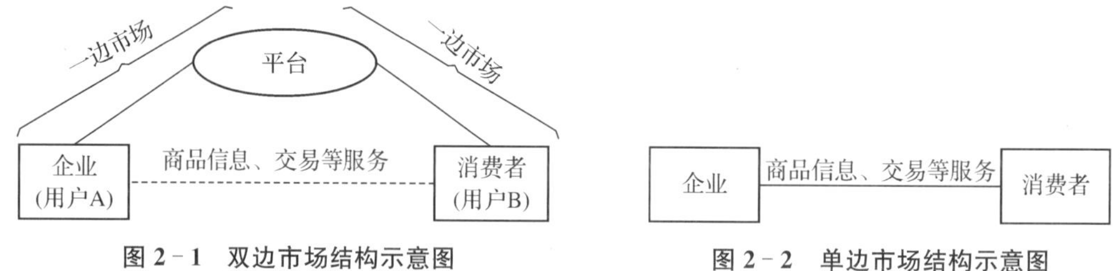

图 2-1　双边市场结构示意图　　**图 2-2　单边市场结构示意图**

尽管关于双边市场的界定还仍有争议，未能达成一致认识，Evans 还是概括出了一个双边市场所必须满足的三个前提条件：(1) 存在两类或多类不同类型的用户；(2) 平台上不同类型用户之间相互作用会产生外部性，一边用户的数量会影响到另一边用户的效用和决策；(3) 存在这样一个平台企业，可以将两边用户之间产生的网络外部性内部化[24]。因此，双边市场界定的定性描述，为我们判断一个平台是否属于双边市场提供了参考依据。本书也是按照以上三个前提条件来分析电力工程数字监理平台满足双边市场条件的。

2.2 信任机制与信用体系

信任的研究起源于心理学、社会学和经济学的相关理论，起初主要分析人际信任的重要机制，即人与人之间信任的产生、作用及影响因素等[25]。Mayer 将信任关系中授予信任的称为施信方（Trustor），接受信任的称为受信方（Trustee）[26]。而随着信息经济学、社会心理学等学科和计算机等技术的发展，对信任的研究也拓展至信息系统和电子商务等更复杂的情境，信任关系中的受信方也不再局限于人类。由于研究范式和研究对象的不同，不同领域的学者对信任的定义也存在差异[27]。

通过审查各学科领域的信任文献，本书发现了信任的定义的三种类型，其主要差别源于对信任形成路径看法的不同倾向。第一种来源于心理学，认为真正的信任是一种非功利的、完全情感性的托付[28]。如 Mayer 认为信任是一方在不考虑监督或控制手段的情况下，基于对另一方执行特定行为的预期产生的对另一方行为负责的意愿[26]。Rousseau、Sitkin 和 Burt 等将信任定义为一种基于对他人行为的积极期望的心理状态，这种心理状态表现了接受自己处于易受伤害的弱势境地的意愿[29]。第二种则基于经济学中社会交换理论的理性命题[30]，核心思想为"信任源于一方对另一方信息的掌握"。如 Meon 提出信任基于一方收集的关于对方可观察和不可观察的线索或信号[31]，Stewart 认为信任是对一方特定属性分析后的结果[32]。经济学家 Williamson 也认为信任应根据获取的信息进行理性计算，是不能超出自我利益的算计，否则就是盲目的、无条件的[33]，这种信任之后被称为计算信任（Calculative Trust）。第三种是前两种定义的调和，既考虑信任产生的信息"基础平台"，又顾及在"平台"上促使信任产生"飞跃"的情感因素。正如 Luhmann 所言，信任是一种认知过程中"信息基础"上的透支[34]。这种定义下的信任是真实存在且符合现实逻辑的，为社会学的研究内容，而前两种则是抽象化、理想化的信任。

Lewis 和 Weigert 将理性和情感看作构成信任的两个维度，认为真正的信任是理性和情感共同作用的结果，并把信任关系中认知内容占优势的称为"认知信任"，情感因素起决定作用的称为"情感信任"，并提出其他类型的信任均为两者不同程度的复合[35]。因此本书把认知信任和情感信任看作两种概念级的基础信任，所有文献中出现的与第三种信任定义相似的定义均为它们的复合。以 McKnight 整合的多学科视角信任定义归类结构为例，通过审查大量不同学科领域中的信任文献，McKnight 发现信任定义的区别主要源于不同学科各自独特的视角，在归类、整理并进行命名之后，构建了一个跨学科的信任定义归类结构（如表 2－1），其中包含了信任倾向（心理学）、制度信任（社会学）以及信任信念和信任意图（社会心理学）[36]。

表 2-1 信任维度概念一览表

名称(中)	名称(英)	概念
信任倾向	Trust Disposition	对陌生的情境或对象，总是表现出愿意相信的一种心理倾向
制度信任	Institutional Trust	对存在必要的结构性条件可提高取得成功结果可能性的确信
信任信念	Trust Belief	施信方对受信方的属性特征进行分析后产生的认为其会达成目标的信心
信任意图	Trust Intention	一方愿意依赖或试图依赖另一方，即使认为目标无法达成仍感到安心

每种信任又被细分为多个维度作为可衡量的子构念(Measurable Subconstruct)，其细分依据则是将认知信任和情感信任的内容尽可能分离，如信任倾向的两个维度分别为信任立场(Trust Stance)和人性信仰(Faith in Humanity)，前者涉及对成功概率的主观计算，后者则是对人性(或新事物属性)的潜在善意；制度信任的本质被认为是对环境的感知，其子构念分别为结构保证(Structural Assurance)和情景规范(Situation Normality)，前者强调环境中各种制度结构的安全性和可靠性，是对获取的环境信息的理性判断，后者是处于环境中的主体对环境的感知，更强调情感[37]。无论是在信息系统还是在电子商务平台，用户之间产生信任关系的关键在于信任信念，信任信念的子构念为施信方对受信方的善意(Benevolence)、诚信(Integrity)、能力(Ability)等属性的信念构成，前两种偏向情感因素的产生缘由，第三种侧重理性计算[38]。

学术领域对信任的研究大多集中在信任信念这一维度，关注受信人值得信任的属性特征[29]，把受信方的属性或特征看作施信方的认知内容[39]。衡量这些属性值得信任的程度被称为"可信度"(Trustworthiness)，即受信人的特征和行为使其受到信任的程度[40]。Gefen根据McKnight对信任信念的分类将受信方诚信、善意和能力三种属性看作用来衡量可信度的三个维度，并提出对受信方属性的感知是信任产生的前因[41]，不同属性也以不同的方式影响双方的信任行为[42]。如Gefen和Heart发现电子商务领域中商家的诚信是影响消费者购买意愿的主要因素，而能力只是促进消费者对产品进行咨询[43]。Pavlou和Dimoka在研究在线拍卖市场中产品溢价问题时，提出与能力和诚信相比，善意对价格溢价的影响更大[44]。Nicolaou和McKnight证明了施信方对受信方信息特征的感知，如充分性、完整性、流通性和及时性，与受信方的可信度正相关[45]。McKnight、Choudhury和Kacmar通过人与技术属性特征的类比，提出技术的可信度取决于技术的功能性(Functionality)、有用性(Helpfulness)以及可靠性(Reliability)[46]。

国内文献中常使用"个人信用体系"一词来衡量受信人的可信度，它同样由受信方的一组属性特征构成，且作为施信方给予信任的依据。蒋海认为信息的不对称程度主要表现为施受信主体双方对信贷过程所拥有的信息在数量及质量上的差异程度，即信息结构的不同，而通过完善信用体系可进行有效的信用评级，降低信息不对称的程度，从而降低交易成本[47]。杨太康提出信用主体（信用关系的当事人，是信用关系的承载者和信用活动的行为者）中个人处于基础地位和核心，是整个社会信用体系的基础[48]。刘建洲提出社会信用体系是由政府信用、银行信用、企业信用和个人信用构成的有机整体，并认为个人信用体系与大众生活息息相关，最为关键[49]。马强也认为目前我国整体信用环境处于较低水平，仍需建立并不断完善我国个人信用体系，才能把信用信息应用到经济生活的各个方面[50]。吴晶妹等提出从诚信度、合规度和践约度三个维度构建个人信用体系，通过获取的相关信息进行个人信用评价，将诚信度作为信用潜力，合规度和践约度作为信用历史[51]。

最早对信任机制的研究可以追溯到 1986 年 Zucker 提出的三种信任机制，即基于特征（Characteristic）的信任、基于过程（Process）的信任和基于制度（Institution）的信任[52]。前两种为人际信任，第三种为制度信任，此时信任机制的内涵更多局限于信任的产生机制，研究维度较为单一，只关注影响信任产生的因素。随着组织信任研究的盛行，人际信任被赋予更广泛的内涵，Nyhan 和 Marlowe 将组织中的人际信任分为同级间的水平信任和上下级间的垂直信任[55]，祁顺生和贺宏卿把上下级间的信任称为组织内的纵向人际信任，并将其细分为员工对主管的信任和主管对员工的信任[56]。郑伯分析了影响上下级之间信任的诸种重要因素，如下级员工的忠诚、才能、德行和上级领导的权威、慈悲等[57]，李宁、严进分析了同级员工间的信任氛围对任务绩效的作用机制[58]。信息系统和电子商务的风靡使人际信任有了新的研究方向，在消费者进行线上交易的情境下，如 C2C 平台中的人际信任变成了使用平台进行交易的用户双方之间的信任[59]，B2C 平台中的人际信任则更倾向研究消费者对商家的信任[60]。前者更注重分析平台信任对人际信任的促进作用，后者则主要研究商家信誉对人际信任的影响。在平台这种涉及主体较多的环境中，平台信任的内涵自然更加丰富，平台信任机制的研究也成为领域热点。

Hawlitschek 等认为平台信任是指用户相信平台能采取一定的措施降低感知风险和不安全感的期望[61]，而杨文君、潘勇和陈家伍提出对网络平台信任机制的研究分为制度信任、技术信任和人际信任三种信任的研究，并主要将技术信任视为构建初始信任的前置性因素[62]。李立威和王伟在分析用户对共享平台的信任机制时，提出对平台的信任包含了用户对实现平台功能的技术信任、用户与平台服务商之间的人际信任以及对平台制度保障的信任[63]。其中，技术信任一开始被认为是“相信底层基础设施能够根据其既定的期望促进交易的主观可能性”[64]，而随着技术复杂程度的提升，人与技术的交互性越来越强，技术信任被看作是对特定信息技术执行任务可信度的信念[65]。Pauline 和 Pavlou 提出在技术发展的过程中，部分制度开始成为内嵌的治理机制，尤其是以 B2B 为代表的电子商务交易平台，由技术信任内生出特殊的制度信任，其是对技术运行环境和机制安全可靠的信念[66]。Kallinikos 也认为平台技术通过嵌入和封装特定的算法来规范和自动化处理其中一方的不合规行为，保障另一方的权益[67]。谢康、谢永勤和肖静华将这种平台中内嵌的制度信任称为治理型技术信任[68]。

具体的信任机制的研究范式一般有博弈论和系统动力学两个理论方向[69]。以博弈论为基础的研究大多是强调决策行为的信任，比较有代表性的是“囚徒困境”理论，不仅表明了人们在信任过程中对成本收益的计算，还用“均衡”阐释了人们如何基于计算结果而做出决策行为[70]。如 Yin 基于博弈论通过讨论各方主体的收益来分析双方达成信任的均衡点，进而分析影响信任形成的根本原因，探究双方在两难情形下的互动行为，有针对性地提出激励机制或惩罚措施[71]。而系统动力学主要研究信任关系形成和演化的影响因素，其研究成果的核心在于提出信任路径模型[72]。大多数学者通过发展信任形成机制模型来探究各信任要素之间的相互联系。美国心理学家 Ajzen 提出的计划行为理论模型（The Theory of Planned Behavior，TPB），其基于人是有限理性的假设前提，通过分析行为态度（Attitude toward Behavior）、主观规范（Subjective Norm）、知觉行为控制（Perceived Behavior Control）与实际行为间的相互影响作用关系来预测行为意向，进而解释人类通过对信息合理加工、分析和思考最终做出决策行为的认知[73]。Davis 提出技术接受模型（Technology Acceptance Model，TAM），较好地解释了从认知影响使用态度，进而影响技术使用的情感形成机理，常用于信息管理领域的研究中[74]。Yoon 认为信任机制是一个信任产生和发挥作用的完整过程，信任机制模型的构建需要考虑信任的前因（Antecedent）和后果（Consequence），并提出在线上交易时消费者产生信任的前因包括交易安全性、网站属性和个人性格等，后果则为因信任而产生的购买意图等[75]。根据理性行为理论（Theory of Reasoned Action，TRA）的假设，即信念导致态度，态度导致行为意图，行为意图导致行为本身[76]，McKnight 提出并验证了假设“信任信念促进信任意图的产生，从而导致信任相关行为”，并认为信任倾向和制度信任是产生信任信念的前因，提出信任的最终结果是采取信任行为，以此为理论基础构建了一个信任机制模型[77]（如图 2－3），之后，McKnight 将模型应用到具体的技术中，并提出对一般技术的普遍信任倾向会对特定技术的信任产生媒介性的积极影响[78]。Riegelsberger、Sasse 和 McCarthy 也曾试图将两方向合理融合，提出信任机制应包含影响信任形成的因素和为可信行为提供激励效果[79]，并指出信任机制的目标是识别支持可信行为的个人和环境的属性特征，所以对信任机制的研究应该侧重分析受信方和其所处的环境[80]，虽有一定借鉴意义，但其模型未得到广泛关注。

而当前对于平台信任机制的研究主要集中在对技术和用户属性特征的分析以及技术信任和用户人际信任的关系。Pauline 提出技术信任为人际信任的基础，并从信任的技术、经济、行为和组织四个视角出发，展示技术信任演变为人际信任的过程[79]。Ou 和 Pavlou 指出通过对平台上嵌入的沟通技术的有效使用，消费者感知到与卖家的互动和临场感，促进对卖家信任的产生，进而对重复购买意向产生正向影响[81]。Li、Rong 和 Thatcher 利用 B2C 平

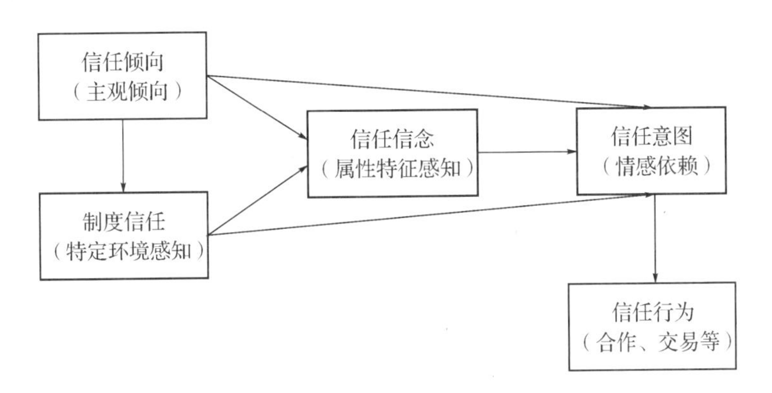

图 2-3 信任机制模型示意图

台中人与技术分离度大的特点，分析了技术信任对人际信任的影响，提出在电子商务环境中，技术信任在促进人际信任方面发挥着重要作用，在影响信任行为（如用户购买意愿）方面也可作为人际信任的补充[82]。Möhlmann 和 Geissinger 指出如果将平台视为一个提供服务的组织，使用平台的双方也会产生信任，从而实现不同信任实体之间的溢出效应[83]。这与谢康、谢永勤和肖静华的平台技术信任理论相似，他们认为信任关系为三方结构下参与互动的过程，用户同时产生对共享平台的技术信任和服务提供方的人际信任，且两种类型信任之间会发生"信任转移"[84]。

谢康、谢永勤和肖静华拓展了 McKnight 对单一技术功能维度的分析，综合考查平台技术的工具性和治理作用，将技术信任分为功能型技术信任和治理型技术信任（如图 2-4）。前者是指消费者与共享平台直接互动过程中产生的、能够依赖可预测的技术操作过程促进交易成功的信念，后者则是指消费者依赖代表合法性规则和强制性规则的平台技术来界定和约束交易行为，提升服务提供方行为的可预测性，以保障交易顺利开展的信念[85]。并通过实证研究展现了两类技术信任在影响消费者行为过程中所发挥的前因和调节作用[68]。

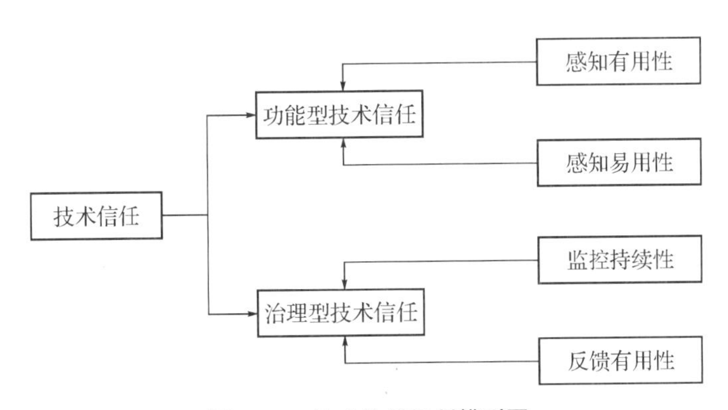

图 2-4 技术信任机制模型图

Raub 和 Weesie 认为如果受信方有能力和动机按照承诺行事，施信方就给予信任，这就需要施信方采取措施获取关于能力和动机的信号[86]。Riegelsberger 和 Sasse 认为获取可表现受信人情境属性和内在属性的信息应当是可追溯和身份可识别的，因为只有能够追溯到可识别的行为者，才能对其行为进行合理的处理并对形成其之后的行为产生一定的规范作用[79]。而通过信息技术则可以实现行为信息的可追溯，解决了信息不对称或证据不完全的问题，从客观上满足了形成制度信任的第三方认证机制[87]。在电子商务领域，基于信息可追溯的技术信任影响平台内的制度信任机制，即信息系统实现的信息可追溯形成的技术信任影响个体对平台的运行机制，进而影响个体的信任结果[88]。信息对于信任机制形成的基础作用充分表明信息技术是影响信任机制的重要因素[72]。

邹宇春等认为依据人际关系的类型，在家庭等首要群体关系中的信任以情感信任为主，而同事之间等次属群体关系中的信任以认知信任为主[89]。而认知信任和情感信任会以特定的时间顺序出现，认知信任一般先于情感信任，因为在情感纽带可能出现之前必须了解对方的能力才能判断其可靠性[90]。McKnight 和 Chervany 提出在组织中垂直信任与员工的工作态度和行为特征相关[77]，高水平的信任是有效解决组织内管理问题的关键因素。因此，在分析数字监理平台信任机制的过程中，常关注认知信任的内容，而弱化对较为抽象的情感信任的分析。

2.3 CVS 及可追溯

溯源验证(Compliance Validation)是指检查人员、既定计划和一系列行动是否得到很好的执行，对其结果及过程进行溯源。每当规定的行业执行或改变重要的工作流程，相关部门要求溯源数据以证明流程被很好地运行，得到了期望的结果。这一对数据的溯源就是验证。

随着市场全球化，消费者对商品可追溯性信息的需求在过去十年中显著增加，尤其是可追溯性关系到食品质量和安全、环境保护相关的重要问题[91]。而产品可追溯性特征是基于区块链的重要应用之一，区块链技术为信任系统的建立提供了新的核心基础，也为电子商务、金融服务、新能源业务等领域构建了创新、安全的交易体系、支付体系、信任体系[92]。区块链可以提高信用评估的准确性，明确数据所有权，扩大信用评估的覆盖面，确保数据安全、隐私保护等[93]，因此基于区块链的信任系统保证了数据的不可篡改性，提高了协同效率[94]。

以 Rimpeekool 为代表的学者认为可追溯性被作为一种增强消费者对食品安全的信心的工具，也与对食品系统的不信任有关，应由政府来解决这一问题。因此，可追溯性常在以食品业为代表的产业被持续关注，欧盟还颁布了一项关于食品可追溯性的法规，将可追溯性定义为："在生产、加工和分配的全阶段，能够跟踪和追查预期加入食品或饲料中的各类物质的能力”[95,96]。Sai 等通过选择实验调查中国消费者对食品可追溯性的偏好和支付意愿，发现消费者愿意为可追溯食品买单，但是他们对食品安全和食品标签的政府监督方的信任程度会有所不同[97]。

物联网区块链技术的发展使得产品可证可溯成为可能。传统的溯源系统通常建立在食品安全管理制度之上，由某一管理部门或组织提出相关规范并维护、管理，并强制要求下游企业按照规范进行溯源信息的录入，存在很高的信任成本和风险。而新型的基于区块链技术的溯源方案可以有效弥补这种缺陷。在溯源系统中嵌入区块链技术，可以构建更紧密的客户关系[98]。Tse 等持类似观点，并认为将区块链技术应用在食品价值链中可能是满足快速增长的食品市场监管和适应要求的最佳选择[99]。更具体地说，区块链技术在食品价值链中可以有更广泛的应用，例如交付和运输数据，在线订购和交易数据以及质量保证数据[111]。

通过分析近几年溯源领域的论文，发现目前溯源系统大多是基于射频识别(Radio Frequency Identification Devices，RFID)技术[100-101]。Tian 提出了一种基于 RFID 和区块链的食品价值链溯源系统，其中 RFID 被用来获取和共享价值链中的数据，而区块链被用来保证共享和发布的数据是可靠和真实的[102]。但是，一些研究人员认为，基于 RFID 技术和区块链的溯源系统在解决伪造问题方面存在一些缺陷。例如，可以复制 RFID 标签，这可能导致假冒零件在食品价值链中流通[103]。为了克服 RFID 的缺点，许多研究人员试图从不同的角度探索各种选择。Kang 和 Jang 提出了一种使用区块链技术与近场通信(NFC)结合的溯源系统。如果用户想更新区块链上的历史记录，则必须提供有效的用户凭证。如此不仅可以报告食品的各种变化，还能对其他用户起到限制作用，从而实现更高透明度的整体跟踪[104]。Tian 研究了基于 HACCP(危害分析和关键控制点)、区块链和物联网的溯源系统。其中，HACCP 被用来预防食品风险，物联网与区块链相结合被用来实时高效地向所有合作伙伴持续提供食品相关信息[105]。Rabah 对大数据和区块链在食品行业中的应用进行了回顾。他们的研究结果表明，区块链技术在创建安全透明的分类账方面发挥了关键作用，该分类账可供食品价值链中的所有参与者使用，包括生产商、制造商、物流服务提供商、批发商、零售商和监管机构[106]。

由于区块链技术在食品价值链溯源系统中的应用蕴含着巨大的潜在效益，世界各地的几家食品企业已经对该效果进行了评估。例如，沃尔玛计划从 2017 年起的五年内投资 2 500 万美元在北京建立一个食品安全合作中心，利用区块链技术建立一个全新的食品溯源系统。他们的芒果区块链试点将追踪芒果来源的时间从 7 天缩短到 2.2 秒，透明且高效[107]。Yiannas 指出，该系统的最大优点是允许任何可信用户在价值链的任何位置验证产品的可追溯性和真实性[108]。尽管区块链技术在食品价值链溯源系统中的应用越来越受到重视，但最近的研究表明，只有少数研究人员在系统地评估区块链技术对当前食品价值链可追溯系统的影响[109]。Kumar 和 Iyengar 则展示了一个基于区块链的稻米价值链溯源系统。

在他们提出的框架中，区块链被用来记录大米价值链中发生的所有相关问题，并监控大米在运输过程中的安全性和质量。需要注意的是，稻米价值链中的所有成员都应该进行注册，并在区块链系统中匹配自己的独特身份和数字配置文件。研究结果表明，大米在运输过程中的安全性和大米价值链的效率得到了很大的提高[110]。最后，Kumar 和 Mallick 报告说，区块链技术可应用于各个方面，如流程管理、数据信息、产品保修等[111]。虽然区块链技术近年来一直被视为溯源的关键要素，但其在提高服务的弹性、可扩展性、安全性和自主性方面的作用却相对忽视了[112]。

2.4 物联网

物联网（The Internet of Things）[113]的定义是通过各种信息传感设备，如射频识别（RFID）装置、红外感应器、全球定位系统、激光扫描器等多种装置与互联网的结合，形成的一个庞大网络[114,115]。其目的是让全部物品都能与网络连接在一起，这样系统可以快速、自动地对物体进行识别、定位、跟踪和监测。虽然物联网和传统信息系统有一些相近的特征，但物联网并不是单纯的传统 MIS 的延伸。

尽管在物联网架构模型上存在轻微的不同，物联网系统通常包含三个层次：物理感知层，感知物理环境和人们的社会生活；网络层，转变和加工所感知的环境数据；应用层，提供无处不在的情境感知智能服务[116]。

物联网应用于大量的领域，从私人领域到大企业。Lee 等学者指出物联网促进了大量面向行业和基于用户的物联网应用的开发[117]。设备和网络提供物理连接，而物联网应用程序则以可靠而强大的方式实现了设备对设备和人对设备的交互。Atzori 等学者把物联网应用分成四个大的领域：交通运输和物流、医疗、智慧环境（家、办公、工厂）以及个人和社交领域[118]。Lee 等学者根据物联网价值列出了位居前列的四个行业，分别是制造业、零售业、信息服务、金融和保险[117]。在对 500 位领导物联网计划的全球高级管理人员进行的研究中，结果显示了物联网应用在其组织区域内的重要性，能源、金融服务、医疗、制造业居于榜首。在一项关于物联网应用的研究中，Lueth 测量了三件事：人们在谷歌上搜索什么，人们在推特上谈论什么，以及人们在领英上写什么，然后对前十个应用种类进行排序。这项研究发现，智能家居、可穿戴设备和智慧城市排在前三。Bartje 验证了 640 个实际的企业物联网项目，并对物联网领域的十大应用进行了分类。互联产业、智慧城市和智慧能源在真正的物联网项目领域中名列前茅。

尽管物联网是一种新兴技术，但它涵盖了广泛的应用领域，并影响了很大比例的人口。Wortmann 和 Flüchter 证实了这一点，表明物联网技术的应用领域种类较多，因为物联网技术越来越多地延伸到几乎生活中的各个角落[119]。

3 电力工程数字监理平台基础流程分析及应用情况

3.1 工程台账

工程建设项目是提供监理服务的着力点，兴力公司聚焦工程项目，为做实、做优项目管理，利用大数据、云计算等技术手段，通过工程台账，对合同、项目、组织机构人员、进度、安全、质量、造价、技术标准、产值进行“一揽子”管理，为实现扁平化管理提供平台支撑。

公司将项目管理转移到数字监理平台，在数字监理平台上填报整合工程基本信息，完成合同创建和维护，录入项目基本信息。工程项目信息维护后，以工程项目为核心，嵌入本工程监理项目部组织机构、安全风险管理台账、质量验收台账、设计变更及签证台账、产值奖发放记录等。形成以工程项目为“针”，业务间的关联逻辑为线，环环相扣，统一集成的管理模式。

1）地区

部门专职录入合同信息后，地区主任收到待办，进行组织机构人员任命；

定期检查、核实本地区工程台账，确保台账的及时性和准确性。

2）监理项目部

项目总监及时在工程台账中更新单项工程的工程状态、年度进度计划、工程计划开投时间、实际开投时间、工程当月进度、工程阶段、形象进度、施工单位等内容（见图 3－1）；

监理人员线路工程开工前及时录入杆塔信息（杆塔号、坐标），输变电工程及时录入报审的作业层班组信息（见图 3－2）；

项目总监进入一本账界面后，点击需要修改的合同，进入具体界面后选择“编辑”，进行合同信息修改（见图 3－3）。

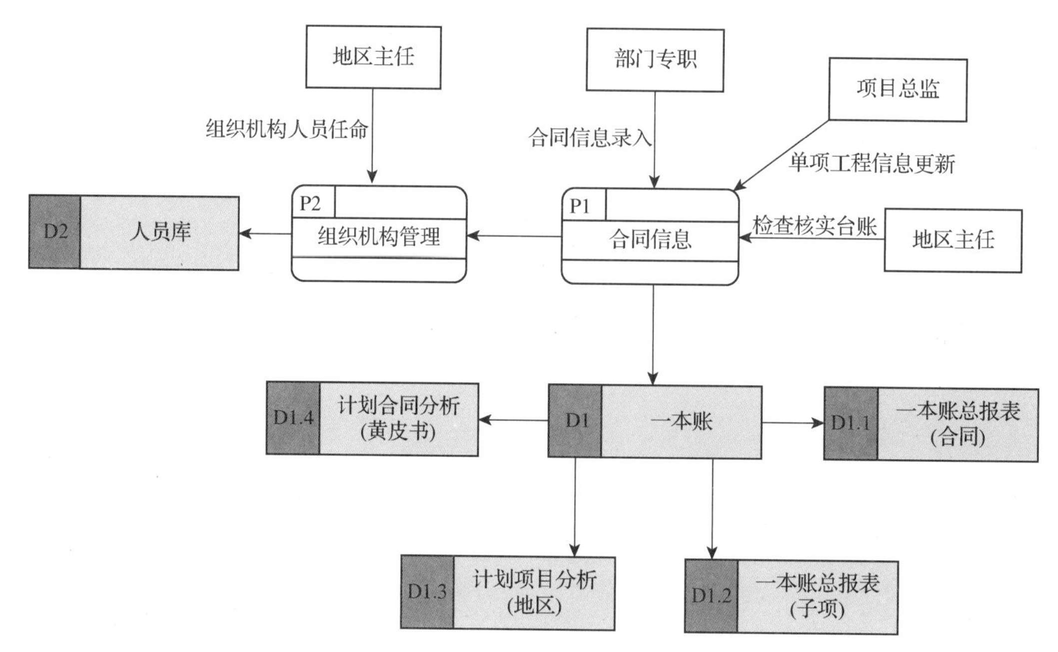

图 3-1　工程台账模块(合同信息录入)

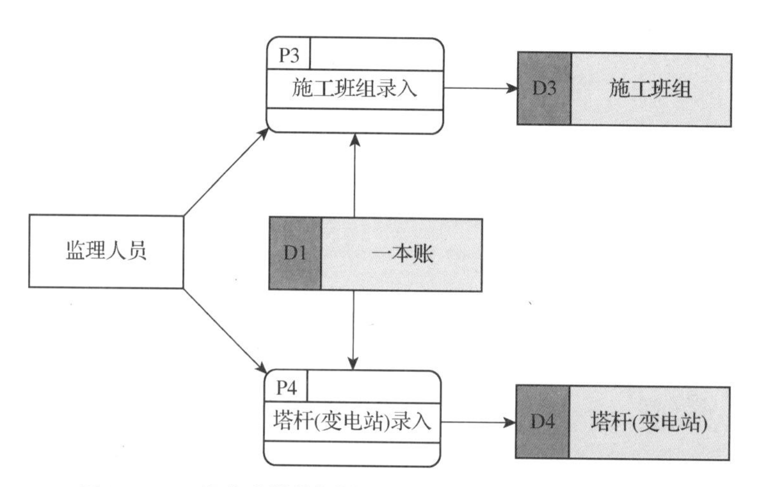

图 3-2　工程台账模块[塔杆(变电站)、施工班组信息录入]

备注:

(1) 施工班组录入(P3):选择合同→选择班组类型→填写班组长姓名→填写班组备注;

(2) 塔杆(变电站)录入(P4):填写塔杆(变电站)号→塔杆(变电站)定位→上传图片。

全部应用

常用应用 编辑

添加

全部应用

人员管理 工程台账 计划/进度管理 风险管理

问题管理 任务管理 考勤管理 监理日记

非输变电管理 造价管理 质量管理 知识库

工作一览 教育培训 履职评价

图 3-3 工程台账操作界面

3.2 计划/进度管理

图 3 - 4 和图 3 - 5 分别为计划/进度管理模块和操作界面。

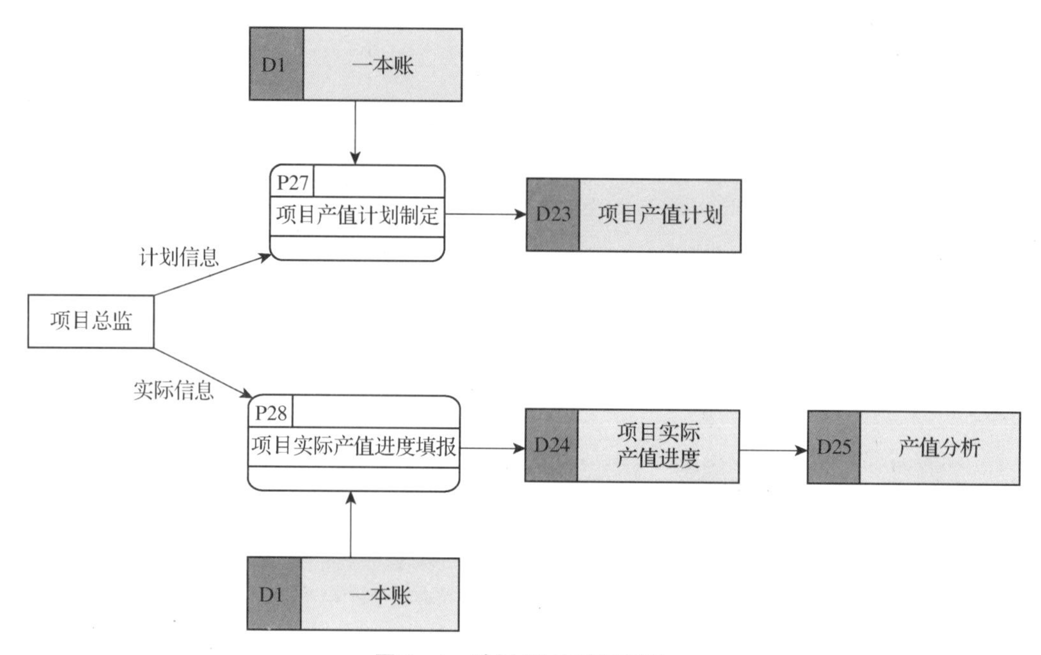

图 3 - 4 计划/进度管理模块

备注：

(1) 项目产值计划制定(P27)：选择合同→选择产值计划年份→填写产值年度计划；

(2) 项目实际产值进度填报(P28)：选择合同→选择进度月份→填写当月进度实际情况。

图 3－5　计划/进度管理操作界面

3.3 风险管理

安全风险管控是工程安全质量管控的重点，对监理企业而言，掌握风险实施计划、强化安全措施执行更是提高监理服务质量的重点举措。兴力公司立足国网公司《风险管理办法》，制定监理企业风险管理标准化流程，利用数字监理平台抓实流程中每道步骤的落实，压实各级监理责任。

一是建立完善风险标准化库，统一风险填报要求。在数字监理平台中建立风险库，包含《风险管理办法》中所有三级及以上安全风险，并添加线路交圈作业等网省公司重点关注风险。说明风险范围、风险阶段、工序和作业内容、风险级别，明确风险的预控措施，确保各监理项目部风险识别、预判、计划填报的准确性、规范性。对风险管控的要求予以明确，要求对风险踏勘情况、监理预控措施检查情况进行具体描述。

二是规范风险全寿命周期管理流程，构建风险逐级管控、集中监控的管理模式。建立三级及以上风险上报机制，按照"月计划、周安排、日跟踪"的风险管理机制，逐步校准风险计划，确保风险计划不漏项，风险等级识别准确。借助数字监理平台的智能统计功能，每日早晨自动汇总当日风险实施计划，报送至部门和地区各级管理人员，管理人员可按照风险等级、重要程度委派相关人员进行现场督察或远程抽查。每日下班前，数字监理平台自动汇总收集各风险作业实施及监理控制情况，形成当日风险晚报，帮助公司及地区管理人员跟踪监理到岗到位及履职情况。

1）地区

通过周计划、日计划报表看板掌握风险实施计划，安排好地区督查事宜；

每日通过日计划报表检查本地区当日风险到岗及旁站记录填报情况。

2）监理项目部

在风险计划表中填报可预见的风险，及时根据实际情况修改计划时间；

每周五下午至周日中午前，填报下周风险周计划；

如果有不在周计划范围内临时新增的风险，需及时进行风险周报补报；

每日对明日实施的风险进行日计划确认；

每日对实施的风险报送安全旁站记录（图3-6，图3-7）。

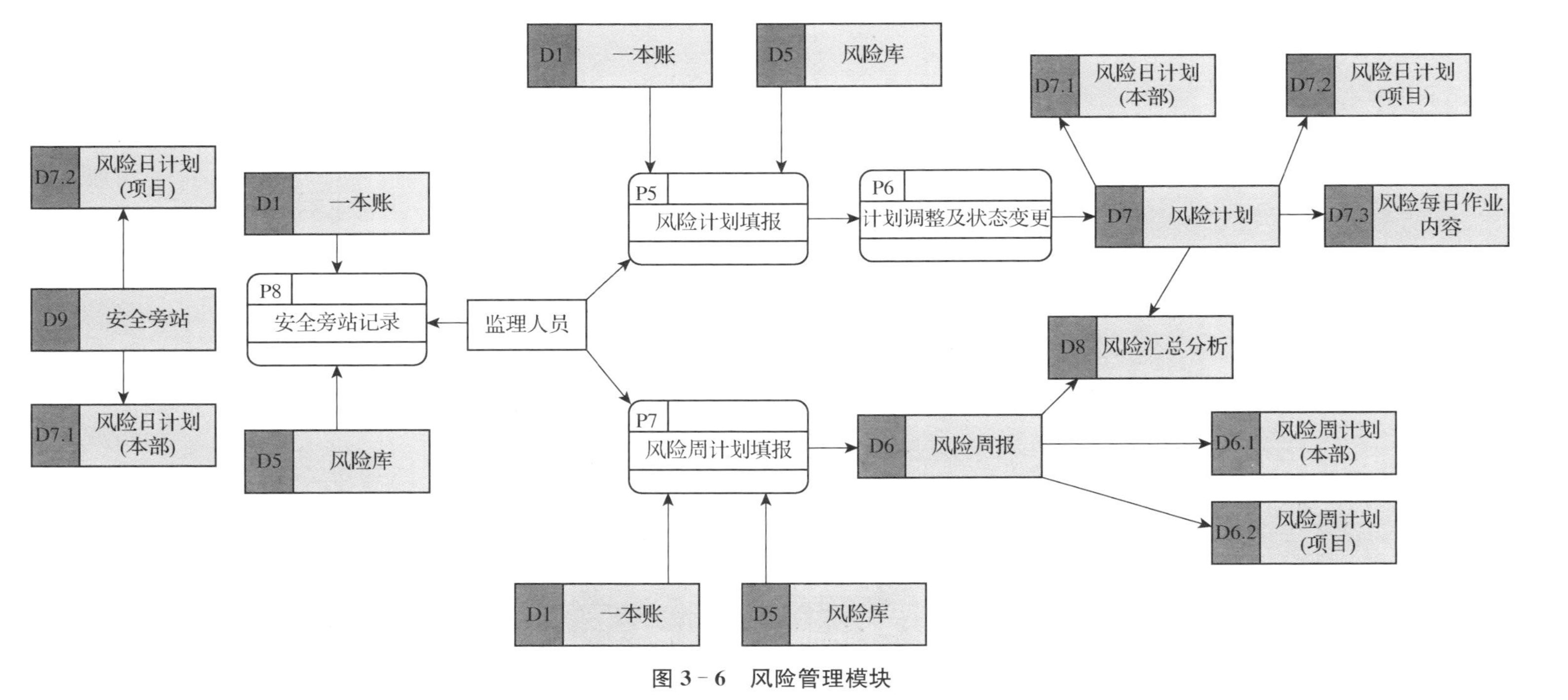

图 3-6 风险管理模块

备注：

（1）风险计划填报（P5）：选择项目→选择风险→选择风险状态→填写施工范围→选择计划开始及结束日期→填写总监联系电话→选择计划到岗监理；

（2）风险周计划填报（P7）：选择项目→填写联系人及联系电话→周报填录类型→添加风险周计划→添加超期风险（如果有）→添加周期外风险（如果有）→添加所有未结束风险（如果有）；

（3）风险周计划：选择风险→填写风险情况描述→填写本周风险进展及控制情况→填写下周风险作业内容→填写下周风险预控措施→选择是否填报“e安全”→选择计划到岗监理；

（4）安全旁站记录（P8）：填写天气→选择进行旁站的项目→选择补录/正常填录→选择进行的风险→填写编号→上传图片→填写施工地点→填写旁站监理的部位或工序→选择旁站监理开始及结束时间→填写施工情况→填写监理情况→填写发现问题→填写处理意见→填写处理结果→填写旁站监理人员→填写项目监理机构→选择填报日期→选择风险计划开始及结束日期→选择风险状态变更（完成相关信息填选）。

图 3－7　风险管理操作界面

3.4 考勤管理

一是对人员的考勤管理集中管理，督促各级监理人员到岗履职。数字监理平台集成了移动终端技术构成的兴力监理远程监控系统，以高精度 GPS 定位技术，对现场人员的坐标信息、轨迹信息进行收集，同时，依托 GIS 技术，将人员动态形象进行动态展示，实现对人员、车辆的实时管控。根据工程项目位置，划定工作区，设定电子围栏，通过人员库中监理人员所在的工程项目进行绑定，对不在设定工作区域内打卡的情况进行实时报警，每日抄送一份考勤日报给公司本部、各地区项目部，确保每一个一线监理人员的到岗到位情况公司实时掌握。

1）地区

每日通过考勤看板，检查人员打卡、缺勤情况。地区考勤员可向公司申请开放本地区考勤看板查阅权限。

2）监理项目部

所有人员每日在工程监理管控平台考勤打卡上下班(图 3－8，图 3－9)。

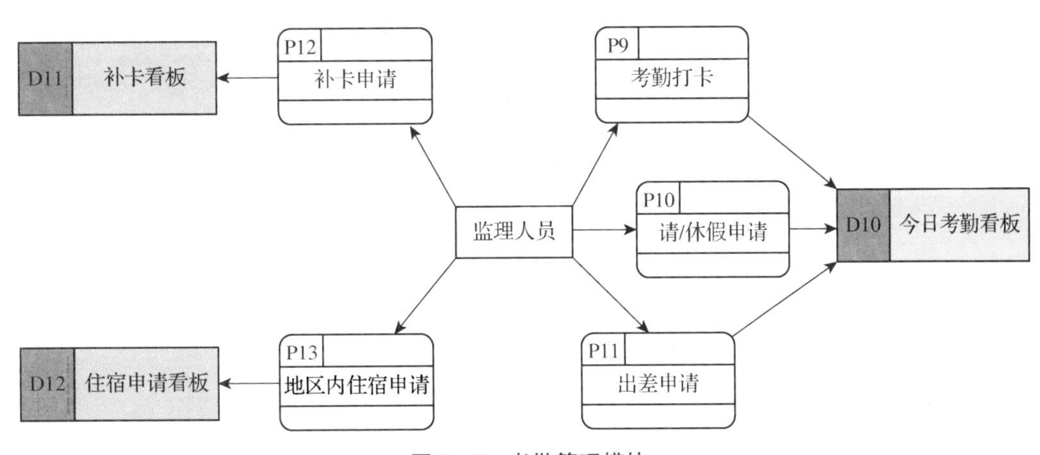

图 3－8 考勤管理模块

备注：

(1) 考勤打卡(P9)：获取打卡定位→显示打卡结果→上传附件→填写打卡异常说明(打卡结果显示迟到或早退)；

(2) 请/休假申请(P10)：添加申请人→选择人员角色→填写申请人联系方式→选择请假类型→选择计划开始及结束日期→选择是否出境→添加申请人签名→填写情况说明→选择总监审核；

(3) 出差申请(P11)：填写申请人联系方式→选择人员角色→选择计划开始及结束日期→选择出行方式→选择单程/往返→选择是否出省→填写出差目的地→上传附件→添加申请人签字→填写出差说明→选

择总监；

(4) 补卡申请(P12)：添加补卡详情→添加总监→填写补卡说明；

(5) 地区内住宿申请(P13)：填写申请人联系方式→选择住宿开始及结束日期→上传附件→添加申请人签字→填写说明。

图 3-9　考勤管理操作界面

3.5 问题管理

问题管理模块的主要作用:一是满足各级监理在该模块记录发现问题、跟踪闭环的实际业务需要,通过监理每日工作成效全面展示各级监理人员发现、解决问题的能力;二是通过现场问题类型判别监理履职成效,并量化对项目进行评价;三是通过问题分类及各类问题出现的频率分析公司管理薄弱地带和短板,有针对性地制定问题解决对策及补强措施,逐渐消除问题重复出现的概率。

1) 地区

通过问题统计分析看板,检查本地区的问题情况;

及时在问题台账模块录入地区自查的问题,并监督整改闭环。

2) 监理项目部

在填报监理日记时,填写发现的问题,及时跟踪闭环,对需要上级协调沟通的问题,选择"提报上级关注";

在问题台账模块,及时录入网省公司、市公司、质监、地方检查、启动验收发现的问题(图 3-10,图 3-11)。

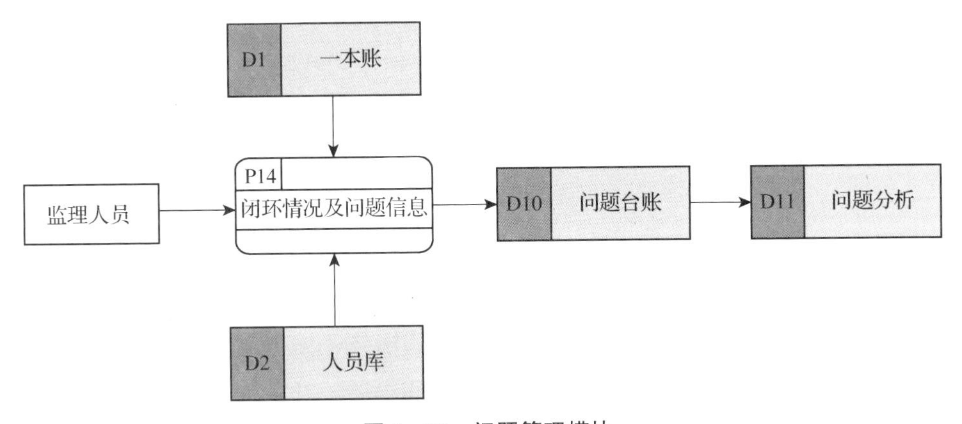

图 3-10 问题管理模块

备注:

(1) 闭环情况及问题信息(P14):选择是否闭环→选择是否需要上级关注→选择问题发现时间(检查时间)→选择问题所属地区→选择合同→添加项目总监→填写问题描述→上传问题描述图片→上传问题描述附件→填写检查人→添加整改责任人→选择问题大类[安全问题(还需选择"违章类型")/质量问题]→选择问题类型→填写问题描述补充/修改→选择问题层级("上级检查"还需选择"问题来源");

(2) 若已闭环,还需完成"问题闭环情况":填写整改措施→填写闭环说明→上传闭环图片→上传闭环附件。

图 3-11　问题管理操作界面

3.6　任务管理

任务管理模块的主要作用：一是以工程项目监理工作计划为抓手，要求各监理项目部定期根据工程建设情况细排风险到岗到位、巡视、见证取样、旁站、验收等各项计划，并实时反馈执行情况。利用数字监理平台功能，以日历形式展示任务清单，并提醒执行，加强各级监理人员工作的计划性、主动性，促进工作效率、质量的提升。二是贯通监理部内部各层级机构任务流转，监督执行，为一线人员提供 OA 办公系统。

1）地区

可在任务管理模块下发工作任务，并监督执行。

2）监理项目部

制定个人工作计划，每日对明日的施工计划进行填报，系统可自动推送提醒；

各级监理可在此模块交办任务或向上反馈工作事项；

监理项目部其他人员负责完成、闭环上级交办的任务（图 3-12～图 3-15）。

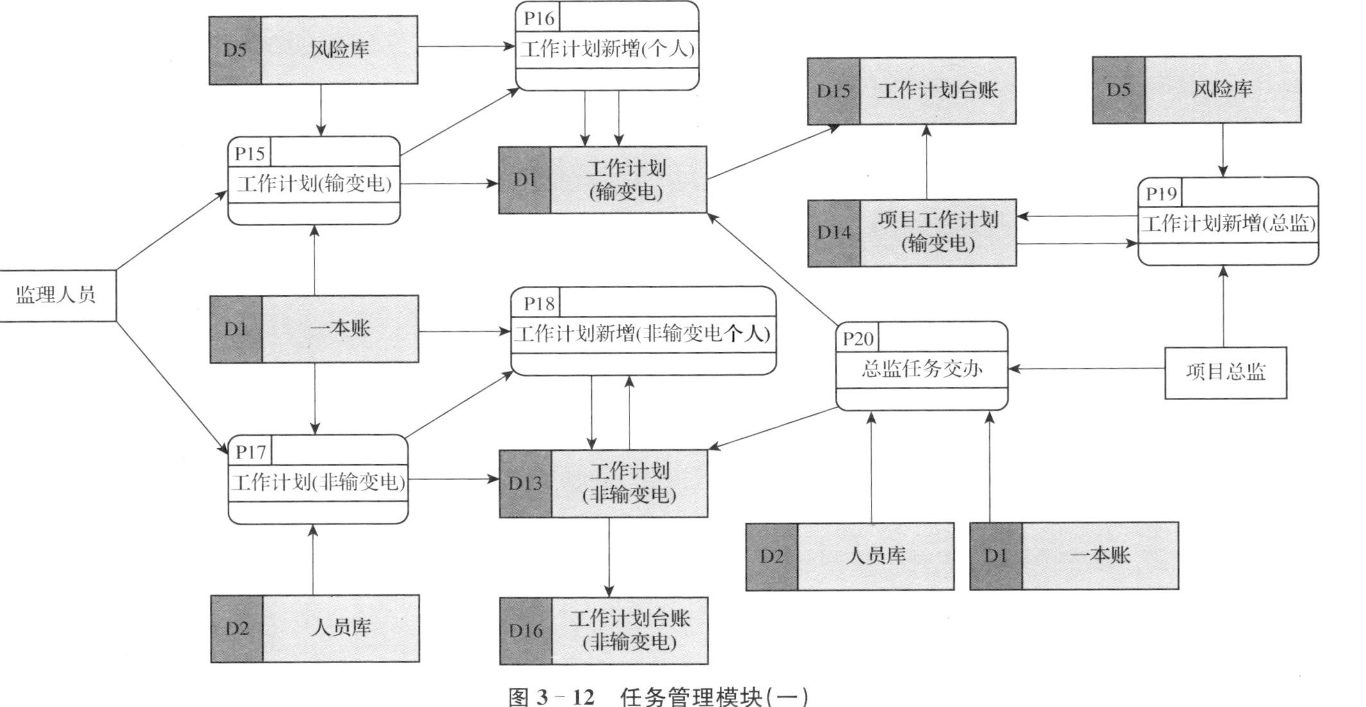

图 3-12 任务管理模块(一)

备注：

(1) 工作计划(输变电)(P15)：选择项目→选择工作计划→选择是否有现场作业(“有现场作业”还需选择“项目类型”)→添加作业计划→添加风险计划；

(2) 工作计划新增(个人)(P16)：是否有现场作业(“有现场作业”还需选择“项目类型”)→添加作业计划；

(3) 工作计划(非输变电)(P17)：选择计划日期→选择区域→选择区域负责人→选择是否有现场作业(“有现场作业”还需选择“项目类型”)→添加作业计划(“项目作业”及“监理工作安排”)；

(4) 工作计划新增(非输变电)(P18)：是否有现场作业(“有现场作业”还需选择“项目类型”)→添加项目作业→添加监理工作安排(零星作业)；

(5) 工作计划新增(总监)(P19)：是否有现场作业(“有现场作业”还需选择“项目类型”)→添加作业计划；

(6) 总监任务交办(P20)：添加所属项目部→选择项目→选择任务日期→选择责任人→填写工作内容→上传图片→上传附件。

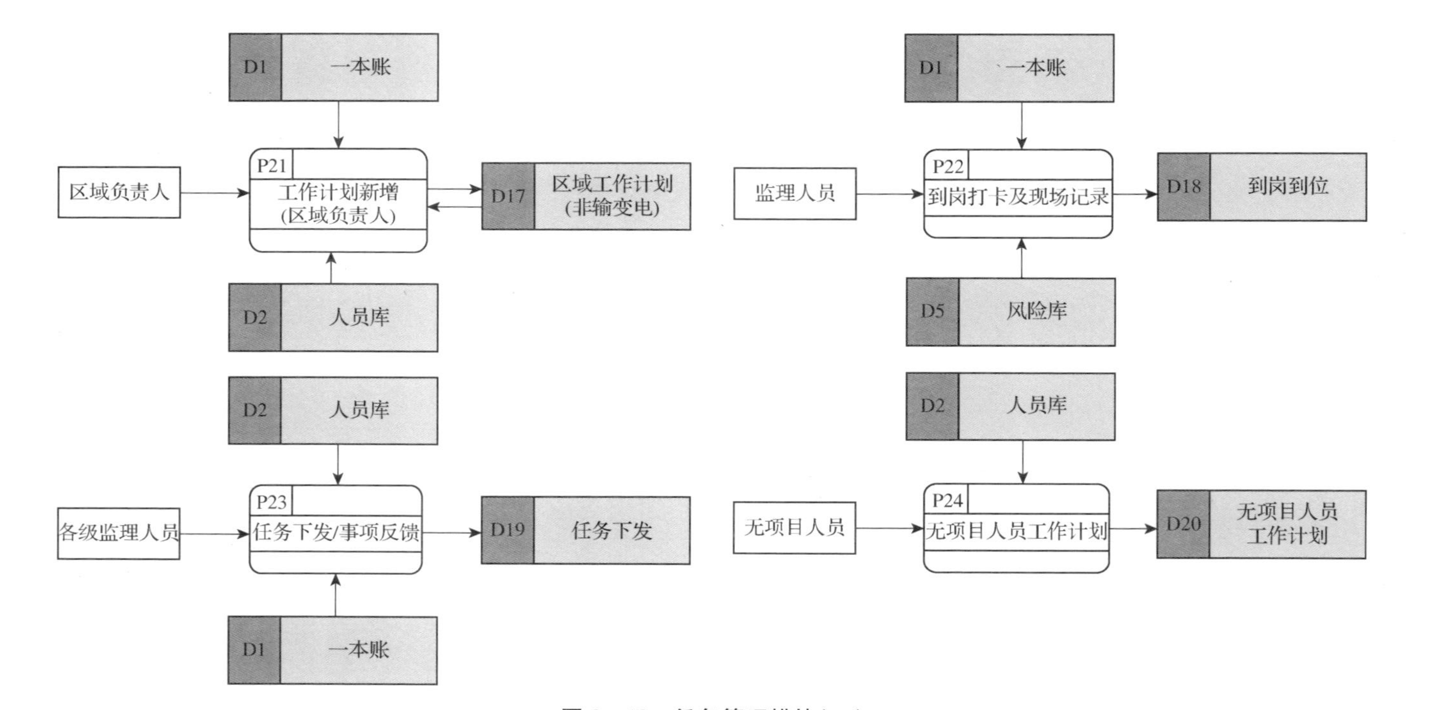

图 3-13　任务管理模块(二)

备注：

(1) 工作计划新增(区域负责人)(P21)：选择是否有现场作业("有现场作业"还需选择"项目类型"并添加"项目作业")→添加监理工作安排(零星作业)。

(2) 到岗打卡及现场记录(P22)：发起流程→选择项目类型(变电/线路/配农网/专项技改/其他)→选择项目名称→选择执行状态[按计划执行(系统定位)/未实施(需填写"未实施理由")]→填写当日作业进展→填写监理工作情况→添加安全类记录→添加质量类记录；"变电"还需选择施工阶段及施工班组；"线路"还需选择作业点、施工阶段及施工班组；"配农网"还需填写施工范围及施工班组；"专项技改"还需填写施工范围及施工班组。

(3) 任务下发/事项反馈(P23)：选择下发对象(组织/人员)→选择下发组织/下发项目人员→选择项目名称→填写任务内容→填写任务要求→上传附件→选择责任人→选择截止日期。

(4) 无项目人员工作计划(P24)：选择任务日期→填写工作内容→上传图片→上传附件→选择负责人审核。

图 3-14　任务管理操作界面(一)

图 3－15　任务管理操作界面(二)

3.7 监理日记

监理日记模块的主要作用：一是以监理日记填报为手段，压实监理人员职责及履职能动性，进而督促总监做好交底，鼓励一线监理去发现问题、解决问题，实现每人、每日监理工作量化、透明，通过真实数据的阶段性分析、展示、评价，评价监理人员履职成效；二是通过平台数据分析，每日向管理人员推送当日打卡上岗但未报送监理日记、当日有风险作业但未填写安全旁站记录、当日有风险作业但无到岗位置信息人员明细，便于地区对监理人员工作成效进行精准找差；三是现场人员通过现场到岗打卡及工作记录填报过程进行监理履职，监理日记自动整合监理现场工作痕迹，帮助监理人员将工作重心放在现场，为一线监理减负。

1）地区

每日通过监理日记分析看板，检查本地区监理日记的填写情况，敦促未写人员填写监理日记；

定期抽查本地区总监的监理日记，并做点评。

2）监理项目部

每到达一个塔位、作业点、风险点后，进行到岗打卡及工作记录，实时记录履职痕迹（相关履职痕迹自动导入监理日记，作为监理日记的一部分，避免重复劳动）；

每日填报监理日记，反映当日真实履职情况；综合人员也需要选择综合人员模板填写监理日记；

总监定期检查项目部人员的监理日记，并做点评（图 3－16，图 3－17）。

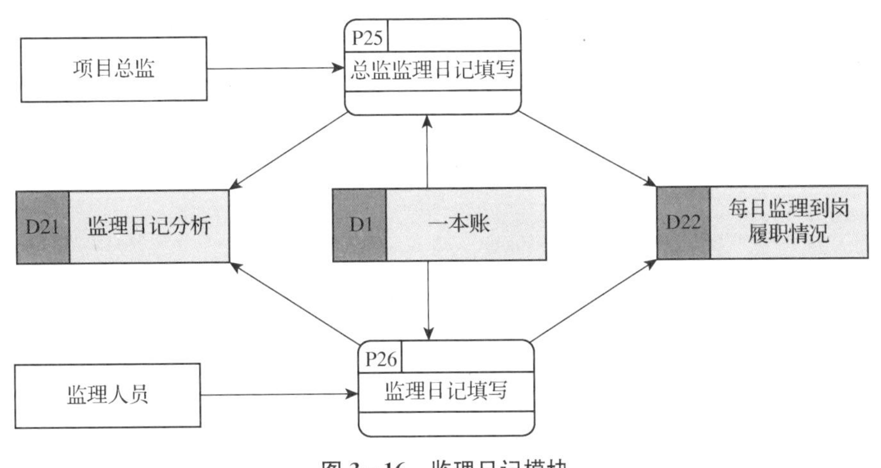

图 3－16　监理日记模块

备注：

(1) 总监监理日记填写(P25)：选择日记日期→选择日记填录状态(正常填报/补录填报)→填写天气/气温→选择项目类型(输变电工程/非输变电工程)→选择项目名称→完成“工作详情记录”→完成“任务管理”→完成“到岗打卡及现场记录”→完成“旁站记录”→完成“今日是否发现问题”→完成“关键人员动态管理跟踪”→完成“施工机具(检测器具)”→完成“原材料及试验跟踪管理”→完成“文件审查情况”→完成“验收情况”；

(2) 监理日记填写(P26)：选择日记日期→选择填报时间→选择日记填录状态(正常填报/补录填报)→填写天气/气温→选择项目类型(输变电工程/非输变电工程/综合人员)→选择项目名称→完成“工作详情记录”→完成“任务管理”→完成“到岗打卡及现场记录”→完成“旁站记录”→完成“今日是否发现问题”→完成“关键人员动态管理跟踪”→完成“施工机具(检测器具)”→完成“原材料及试验跟踪管理”→完成“文件审查情况”。

图 3-17　监理日记操作界面

3.8 造价管理

兴力公司严格按照《国家电网有限公司输变电工程设计变更与现场签证管理办法》的相关规定，严格落实监理单位责任，做实设计变更与现场签证的审查和验收，建立设计变更/现场签证台账，明确台账中需填报的数据内容。通过台账，贯通监理项目部、地区项目部、公司本部，打造垂直监管体系，科学避免设计变更及现场签证不合规，减少廉政风险(图3-18，图3-19)。

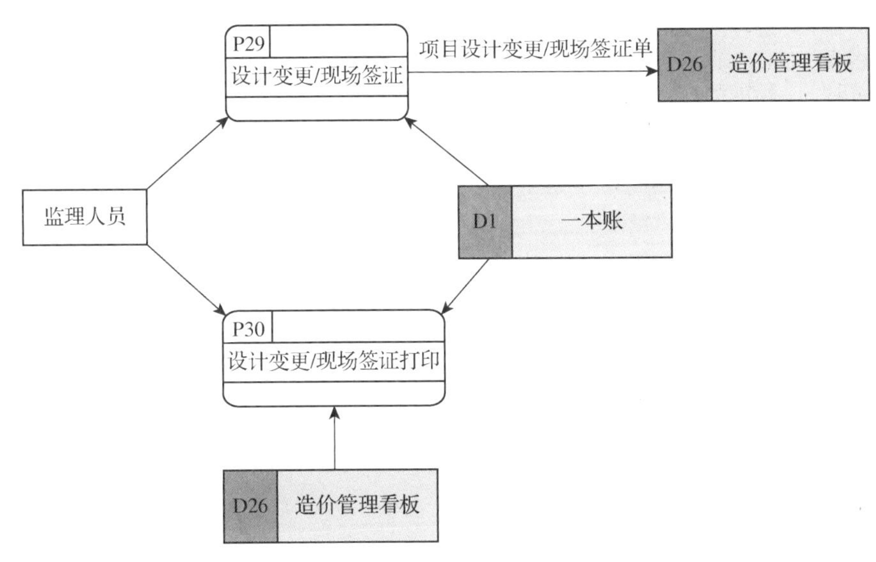

图3-18　造价管理模块

备注：

(1) 设计变更/现场签证(P29)：选择项目名称→填写施工项目部→选择类别(设计变更/现场签证)→填写设计变更与现场签证项目→填写审批单编号→选择批准日期→填写金额→填写验收情况→填写其他需说明的事项→上传附件；

(2) 设计变更/现场签证打印(P30)：选择项目名称→选择月份→填写施工项目部→选择提交记录→提交并打印。

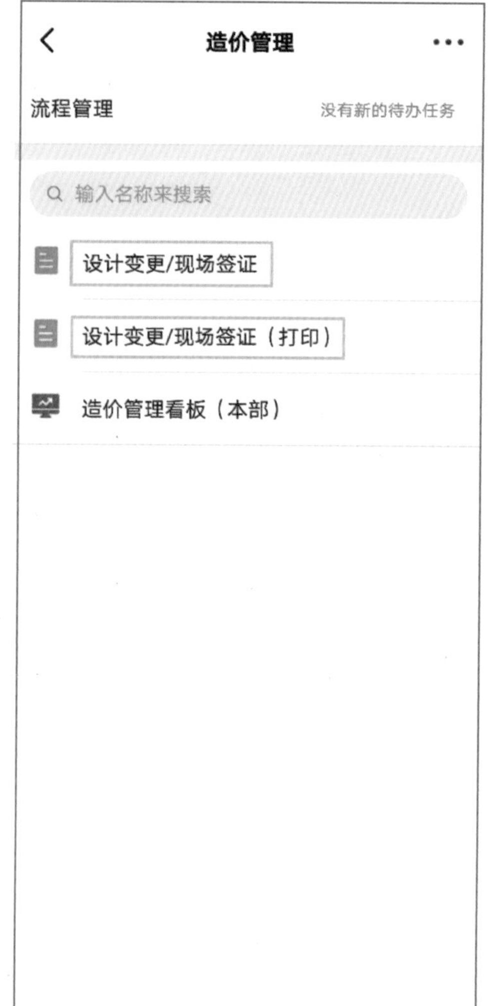

图 3-19　造价管理操作界面

3.9　质量管理

兴力公司在以信息化措施全面规范质量验收方面协助省公司建设部开展了大量的基础工作，2018 年已完成了验收量化管理助手的开发，积累了大量的质量管理信息化技术经验。通过抓实原材料检测试验、质量验评、阶段性验收三个关键环节，紧扣《输变电工程设备材料质量检测标准清单》《施工质量验收统一表式》两项文件，盯牢主控项目，做实实测实量，严控监理验收的及时性，实现"源头—过程控制—验收"的全过程质量管理(图 3-20，图 3-21)。

3.9.1　质量验评

在进行质量验评之前，需要先对项目进行验评划分。

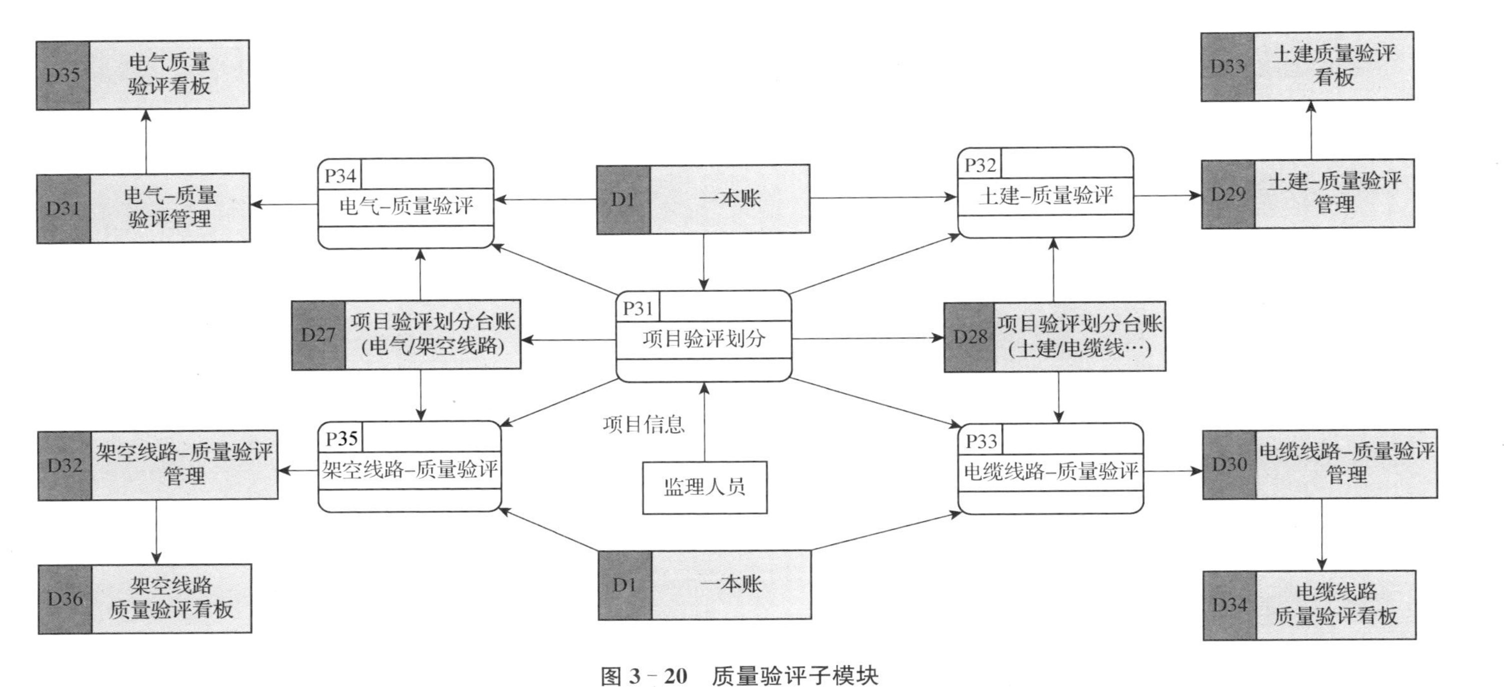

图 3－20　质量验评子模块

备注：

(1) 项目验评划分(P31)：选择项目→选择项目类型(土建/电气/架空线路/电缆线路)→选择单位工程类型→选择单位工程名称→选择子单位工程(分部工程)→新增多个同类子单位工程；

(2) 土建–质量验评(P32)：选择项目名称→选择单位工程名称→选择子单位工程名称→选择分部工程→选择子分部工程→选择分项工程→选择检验批→填写检验批部位→填写检验详情；

(3) 电缆线路–质量验评(P33)：选择项目名称→选择单位工程名称→选择子单位工程名称→选择分部工程→选择子分部工程→选择分享工程→选择检验批→填写检验批部位→填写检验详情；

(4) 电气–质量验评(P34)：选择项目名称→选择单位工程名称→选择分部工程名称→选择分项工程→填写检验部位→填写检验详情；

(5) 架空线路–质量验评(P35)：选择项目名称→选择单位工程名称→选择分部工程名称→选择分项工程→选择检验批→填写检验批部位→填写检验详情。

图 3-21　质量验评操作界面

3.9.2 检测试验

检测试验阶段见图 3-22、图 3-23。

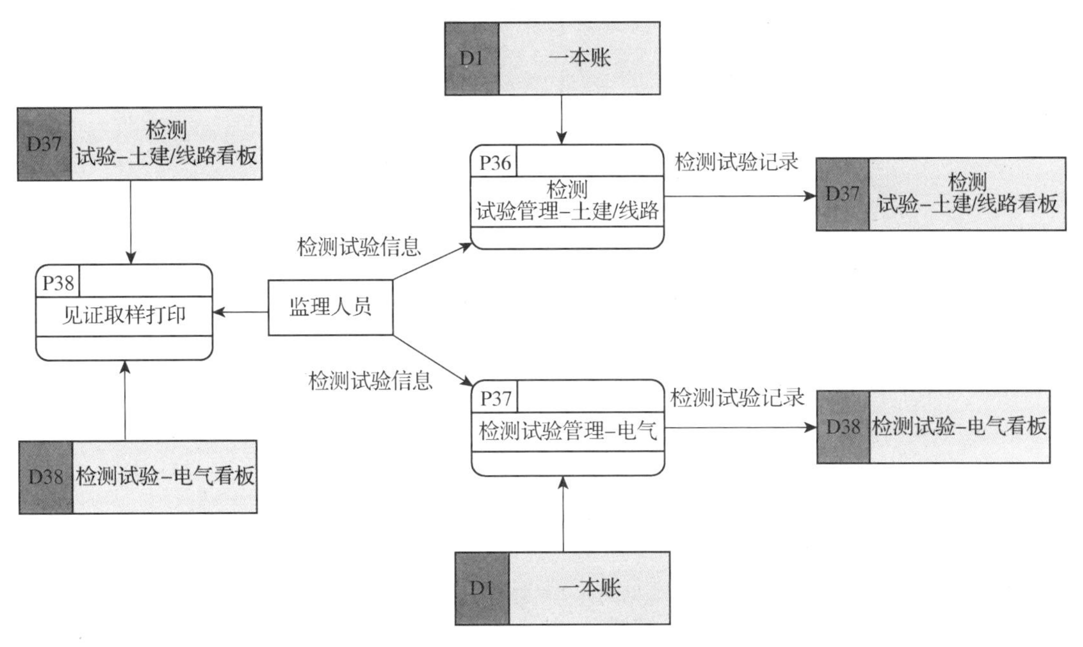

图 3-22 检测试验子模块

备注：

(1) 检测试验管理-土建/线路(P36)：选择项目名称→选择材料名称→选择检测项目→填写材料规格→填写进场数量→填写代表数量→填写批次→填写施工部位→添加见证取样信息；

(2) 见证取样信息：填写见证项目→填写取样人员→填写报告编号→选择报告结论→上传附件→选择取样日期→填写备注；

(3) 检测试验管理-电气(P37)：选择项目名称→选择设备名称→选择送检类型→选择检验项目→填写设备规格→添加见证取样信息；

(4) 见证取样信息：选择单位工程→选择分部工程→填写数量→填写报告编号→选择报告结论→上传附件→选择试验日期→填写备注。

图 3-23　检测试验操作界面

3.9.3 阶段验收

由项目总监发起项目的阶段性验收，填写验收说明，任务抄送通知到项目所有人员；监理人员个人可添加/修改/删除监理初检报告，项目总监可查看(图 3-24，图 3-25)。

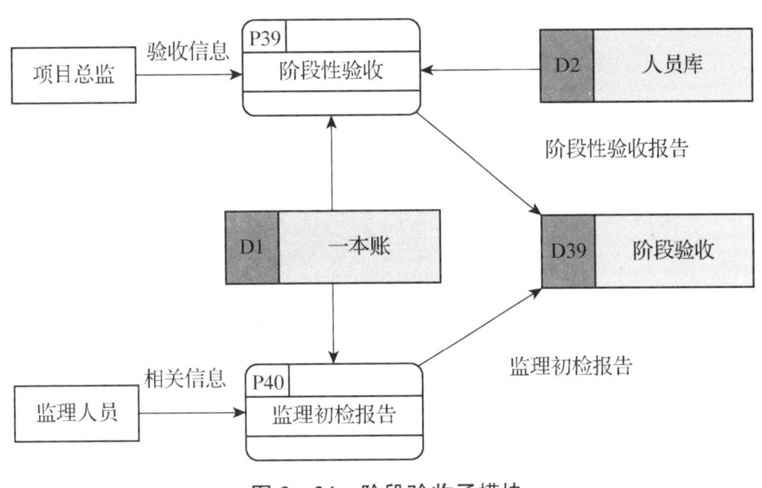

图 3-24　阶段验收子模块

备注：

(1) 阶段性验收(P39)：选择项目名称→选择项目所有人员→填写验收说明；

(2) 监理初检报告(P40)：填写监理项目部→完成检验概况(选择项目名称、填写初检依据)→完成工程概况(填写项目法人、建设管理单位、设计单位、监理单位、施工单位、运行单位、工程规模概况、单位工程信息)→完成综合评价(填写质量体系及实施情况、主要技术资料检查情况、工程重点抽查情况)→上传附件并填写检查记录→填写主要改进意见→填写结论→添加验收负责人签字→选择验收确认时间。

图 3－25　阶段验收操作界面

3.10　履职评价

以平台积累的数据为依据，引入综合指标，量化公司、地区、个人在安全、质量、进度、造价等方面的工作成效，对全公司员工开展梯队化建设。对各项指标进行量化评分，根据实际业务开展需要，设定权重，构建人员“五维能力雷达图”，计算出各级人员的综合指标数值。各级管理人员可参考指标数值，对个人的综合素质、各地区监理队伍的整体素质进行纵横向比较。指标数值的差异性可用于资源调配、绩效打分做参考（图 3－26，图 3－27）。

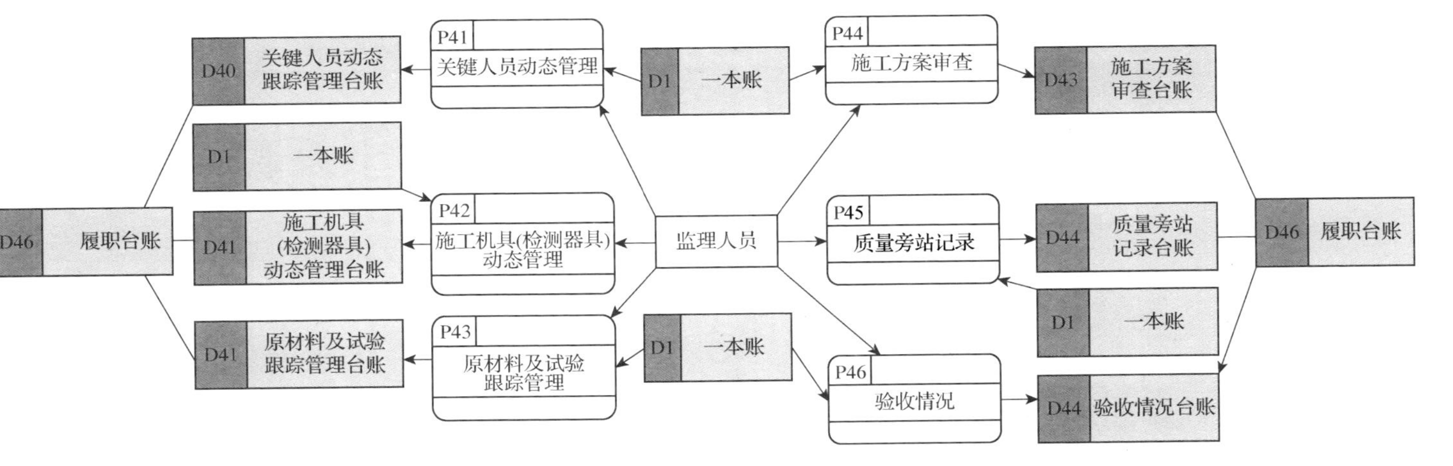

图 3－26　履职评价模块

备注：

（1）关键人员动态管理（P41）：选择项目名称→填写人员姓名→选择人员类别→选择岗位/工种→填写证书编号→选择证书有效期截止时间→选择报审时间→选择审核人→选择审查时间→选择网上核实结果→填写备注；

（2）施工机具（检测器具）动态管理（P42）：选择项目名称→选择机械类别→选择施工机械名称→填写规格型号→填写数量→选择维修/保养时间→选择报审时间→选择有效期时间→填写备注；

（3）原材料及试验跟踪管理（P43）：选择项目名称→选择材料名称→填写材料规格→选择进场时间→填写进场数量→填写计量单位→填写检测项目→填写见证项目→选择见证人→填写取样人→选择取样日期→填写报告编号→填写报告结论；

（4）施工方案审查（P44）：选择项目名称→填写施工方案名称→选择方案类型→选择报审时间→选择监理审批时间→选择审批人→上传文件审查记录表→填写专家论证情况→填写是否编制监理细则并审批→选择监理细则审批时间；

（5）质量旁站记录（P45）：选择项目名称→填写施工部位→填写旁站内容→选择记录时间→选择旁站人员→上传现场旁站及检查照片及旁站记录表→选择所属部门；

（6）验收情况（P46）：选择项目名称→填写验收部位→填写验收情况→上传验收照片→填写验收结论→选择验收时间→选择验收人。

图 3-27　履职评价操作界面

3.11 非输变电管理

非输变电工程相关人员除台账维护、进度填报、周计划单列外，其余模块为通用，尤其是到岗打卡及工作记录，务必每日开展。

1）地区

按区域组建监理项目部，委派各区县实际负责人；

部门专职对每个合同选择组织机构后，地区主任收到待办，任命合同具体实际负责人；

定期检查、核实本地区工程台账，确保台账的及时性和准确性。

2）监理项目部

各区县实际负责人及时在工程台账中更新单项工程的工程状态、年度进度计划、工程计划开投时间、实际开投时间、工程当月进度等内容；

每月25日前对合同信息、子项信息进行数据维护（因配网、农网工程子项繁多，合同台账与子项台账分开建立，需分别维护）；

开工后及时填报年度进度/产值计划，每月25日前填报子项当月进度；

子项由部门统一录入，框架合同若需要增补子项，可按标准格式模板提交增补申请；

每日对实施的技改、配农网工程作业报送监理日记、旁站记录（涉及三级及以上风险作业的必须填报）（图3-28～图3-31）。

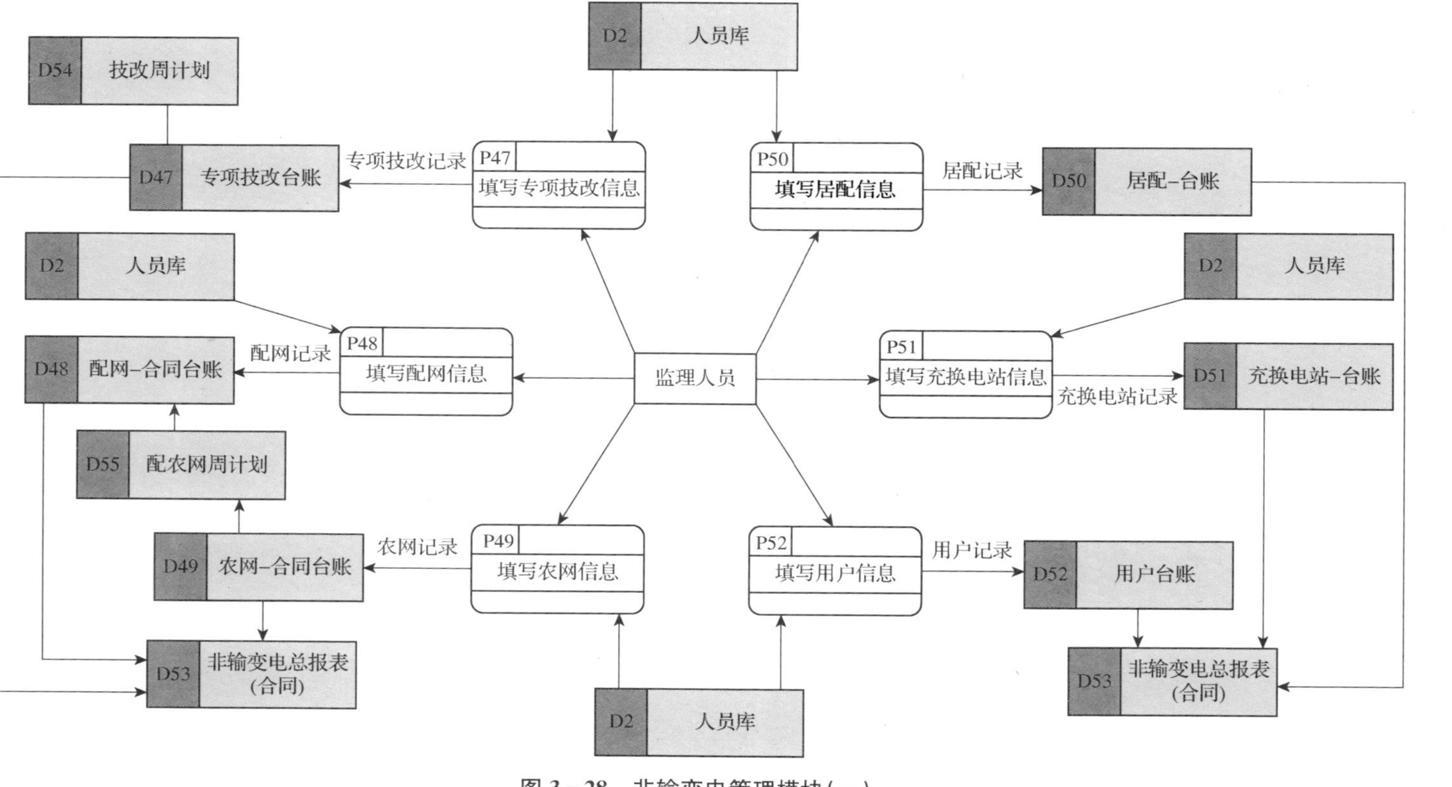

图 3-28 非输变电管理模块(一)

备注：

(1) 填写专项技改信息(P47)：填写合同编号→填写合同名称→填写合同额→选择所属项目部→填写合同年份→完成工程概况→选择组织机构人员；

工程概况：填写合同工程状态→填写建设管理单位→选择地区(地址控件)→选择计划开始及投运日期→选择实际开工及投运时间→填写相关备注；

(2) 填写配网信息(P48)：填写合同编号→填写合同名称→填写合同额→选择所属项目部→填写合同年份→完成合同信息→选择组织机构人员；

合同信息：选择合同工程状态→填写建设管理单位→选择地区(地址控件)→填写相关备注；

(3) 填写农网信息(P49)：填写合同编号→填写合同名称→填写合同额→选择所属项目部→填写合同年份→完成合同信息→选择组织机构人员；

合同信息：选择合同工程状态→填写建设管理单位→选择地区(地址控件)→填写相关备注；

(4) 填写居配信息(P50):填写合同编号→填写合同名称→填写合同额→选择所属项目部→填写合同年份→完成工程概况→选择组织机构人员；工程概况:选择合同工程状态→填写建设管理单位→选择地区(地址控件)→填写相关备注；

(5) 填写充换电站信息(P51):填写合同编号→填写合同名称→填写合同额→选择所属项目部→填写合同年份→完成工程概况→选择组织机构人员；工程概况:选择合同工程状态→填写建设管理单位→选择地区(地址控件)→填写相关备注；

(6) 填写用户信息(P52):填写合同编号→填写合同名称→填写合同额→选择所属项目部→填写合同年份→完成工程概况→选择组织机构人员；工程概况:选择合同工程状态→填写建设管理单位→选择地区(地址控件)→填写相关备注。

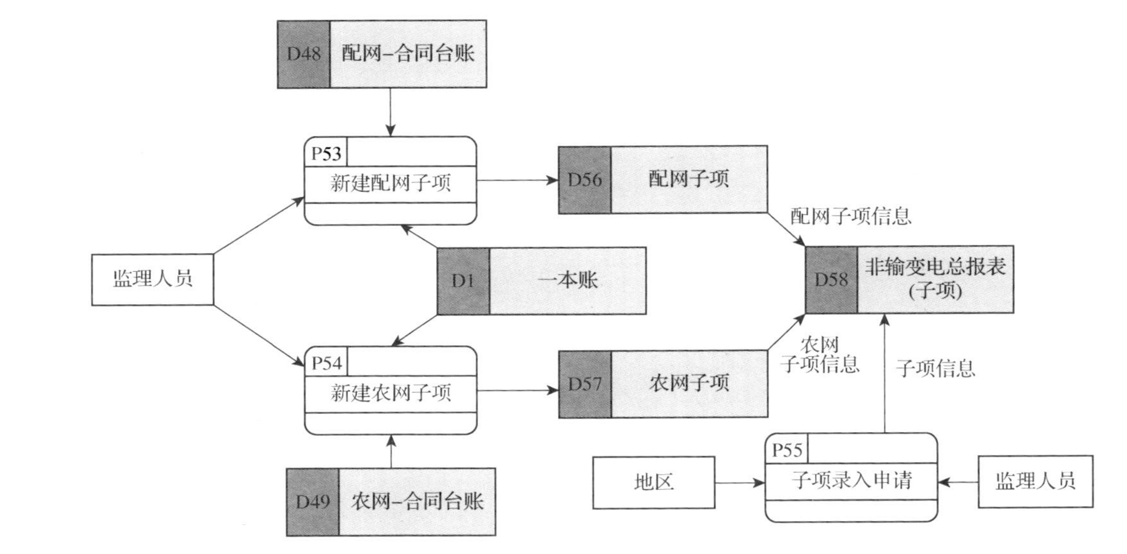

图 3-29　非输变电管理模块(二)

备注:

(1) 新建配网子项(P53):选择所属项目部→选择合同→完成子项目(子项目:填写子项目名称→选择工程状态→选择现场监理→选择计划开始及投运日期→选择实际开工及投运时间→填写备注);

(2) 新建农网子项(P54):选择合同→选择实际负责人→完成子项目(子项目:填写子项目名称→选择工程状态→选择现场监理→选择计划开始及投运日期→选择实际开工及投运时间→填写备注);

(3) 子项录入申请(P55):按模板上传子项附件。

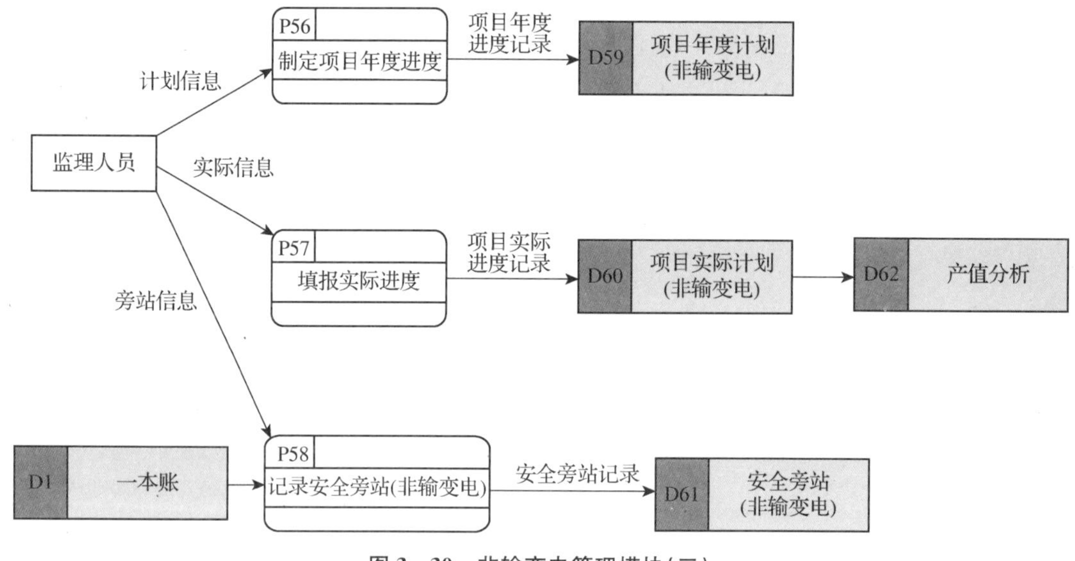

图 3-30　非输变电管理模块(三)

备注：

(1) 制定项目年度进度(P56)：选择工程类型(专项技改/配网/农网/居配/充换电站/用户)→选择合同→填写年初进度→填写各月进度；

(2) 填报实际进度(P57)：选择工程类型(专项技改/配网/农网/居配/充换电站/用户)→选择合同→填写本月实际进度；

(3) 记录安全旁站(非输变电)(P58)：选择进行旁站的计划内容→填写编号→填写天气→填写施工地点→填写旁站监理的部位或工序→选择旁站监理开始及结束时间→填写施工情况→填写监理情况→填写发现问题→填写处理意见→填写备注(处理结果)→填写项目监理机构→填写旁站监理人员→上传图片。

图 3-31　非输变电管理界面操作

3.12　人员管理

监理人员是监理企业的核心生产资料，是提供优质监理服务的责任主体，抓好人员管理即是控制住项目监理质量的源头。当前人员管理的要素主要包括持证资质、考勤、承接项目情况、考试培训、考核情况五类。兴力公司紧扣五大要素，在平台中建立人员库，实施录入人员的相关要素信息，对人员进行分类分级集中管控。

该模块的开发可实现对项目人员分配进行集中监管，优化各地区人员结构。监理公司是任命总监和确立监理项目部组织机构的责任主体，通过人员库的建立，人员持证信息的录入，平台可自动进行人员承载力检测，事先控制，规避总监、安监等关键人员兼任数量超规定的情况出现。

利用人员管理模块，全面展示公司人员数量及分布状况、人员任职资格、当前人员项目归属及人员兼职情况。一是通过智能筛选预测人员结构、项目兼任情况及企业承载力分析；二是通过人员筛选分析有效判断监理人员产值完成情况及监理人员解决问题能力评价。

3.13 知识库

当前电网工程建设涉及专业多、规程规范多，不同类型的工程项目的管控要求也不尽相同。对于监理行业而言，企业的技术积累、监理队伍的专业素质更是核心竞争力。兴力公司立足强化技术积累，丰富技术资源，在企业内部实施技术扁平化管理。

定期收集整理与电力工程管理相关的法律法规、行政发文、规程规范、网省公司重要制度文件，建立公司质量管理库、受控文件库、安全管理库并实时更新，作为监理企业知识库。

提供公司级技术难题攻关交流平台。兴力公司针对规范条款要求有差异、要求不清晰、技术难题未攻破等问题，在数字监理平台上打造了技术交流平台，发挥集体智慧解决企业甚至行业内部未得到有效解决的技术管理难题，在公司内部统一做法，从而起到指导一线工作、促进公司内部技术管理整体提升的实效。将专业技术要点、典型案例、各类工程/各道工序的管控重点、不同岗位监理的工作心得体会进行系统整合、梳理、结构化，在平台中以优化流程、细化完善各流程管控要点、充实智库内容、培训考试等方式渗透到各级监理的工作中，将技术财富从“死数据”转化为监理人员技术能力的“活资产”。

3.14 教育培训

对人员培训考试进行集中管理，对各级员工的基础技术能力进行全盘摸底。公司本部及时收集各岗位、各专业技术标准，网省公司重要文件内容，建立题库，通过平台对各级监理人员开展抽考，记录考试成绩，并按岗位、专业进行排序，全方位检测监理人员“硬实力”，帮助管理人员掌握一线人员的基础技术能力，为项目分配、岗位任职提供科学参考。

3.15 应用情况

人员管理、考勤管理、工程台账、风险管理、问题管理、任务管理、监理日记、地图展示、质量管理、造价管理、教育培训、知识库等 12 个模块已开发完成，全面上线应用(以下数据统计截至 2021 年 4 月 7 日)。

1）在监理队伍管理方面

公司357名监理人员全部在平台进行考勤、资质证书管理，自平台应用以来，结合公司承监工程项目数量、开竣工计划、人员任职资格对公司人员承载力实时分析、预测，未出现关键人员兼任超规定的情况（图3-32，图3-33）。

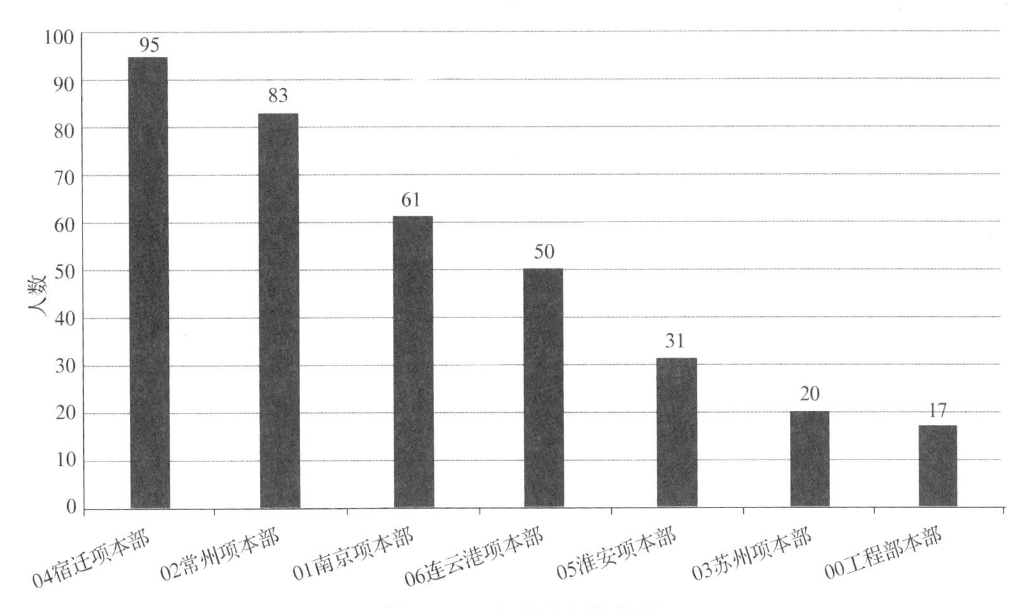

图3-32　各地区人数分析

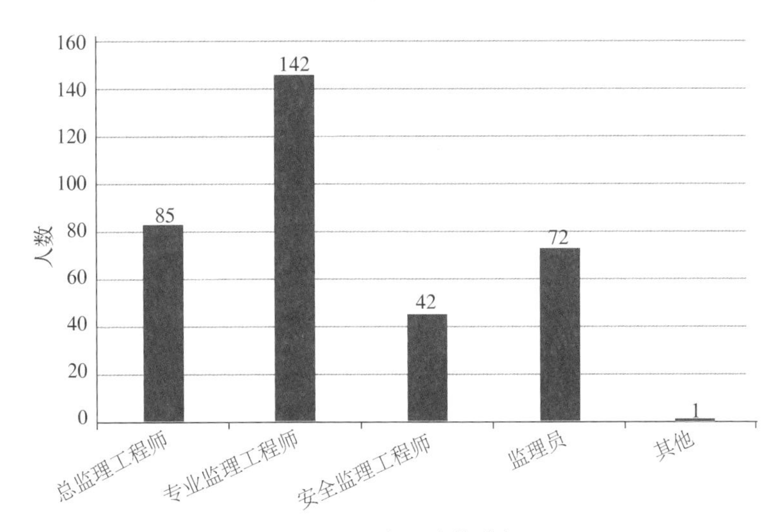

图3-33　任职资格分析

2）在风险精准管理方面

严格按照"月准备、周安排、日跟踪"的管理模式在平台管控风险。部门每月、每周排定风险计划，各监理项目部每日制定到岗到位计划、监理预控措施，本部、地区项目部每日通过地图展示模块跟踪人员到岗到位情况、风险控制情况、监理安全旁站质量，有效保障每项风险有计划、有跟踪、有履职。自应用以来，已通过平台管控 772 项三级风险、27 项四级风险，形成旁站记录 3 548 份，有效抓实了监理对风险的管控力度(图 3－34，图 3－35)。

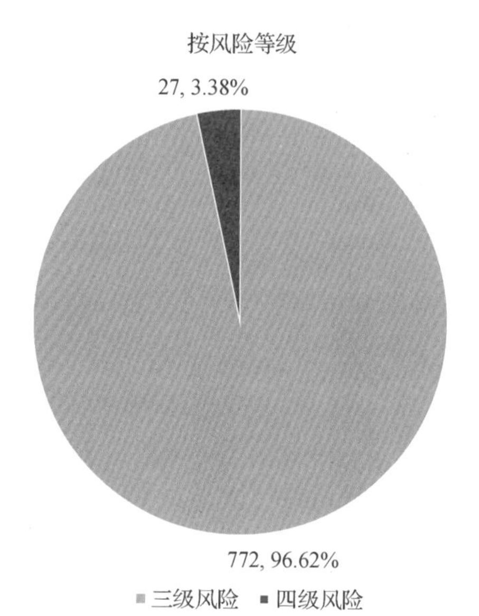

图 3－34　风险等级分析

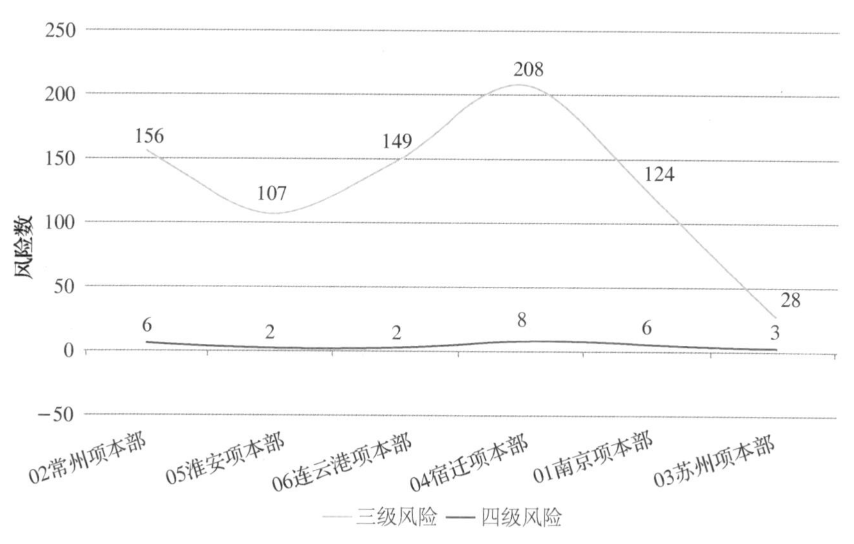

图 3－35　风险等级分析(按地区)

3）在作业计划、监理履职方面

严格按照国网公司安委会“四个管住”的要求，狠抓监理对作业计划的精准掌握，对现场履职的质量提升。一是通过平台任务管理模块，以监理项目部为单位，每日制定次日工作计划，明确作业范围、作业工序，各项目部一线监理根据计划到岗履职打卡，确保监理工作“有目标、有措施、有成效”。二是发挥公司技术积累作用，根据规程规范、网省公司制度文件按作业工序编写了变电、线路、技改、配农网四类工程《管控要点库》。各项目在报送次日计划时排定次日作业工序，平台自动根据该项工作罗列管控要点、检查要求、数码照片采集规定，由到岗监理人员逐项检查核对(其中红线类问题为必查项)。从传统的“总监交底”模式转变为“机器交底”，提升公司监理人员整体履职质量。自平台应用以来，已制定 14 637 条工作计划，形成 7 758 份到岗履职记录。三是为公司管理人员远程监管提供手段。通过对计划的精准掌握，公司本部、各地区每日通过平台可对各类工程当日作业点数量、已到岗人员进行系统、直观地检查，每日对未到岗的作业点提醒相关人员到岗。自平台应用以来，监理人员到岗到位覆盖率提升显著。

4）在问题管理方面

一是对红线问题、典型违章、隐患治理的管理力度加大。在平台将红线问题作为每日到岗必查项，发现问题直接逐级上报至公司本部，进行“建档制”逐项销号，由公司领导监督整改闭环。按照省公司《典型违章记分标准》对发现问题进行分类、定级，对现场问题进行分级、分类管理，方便总结分析，有针对性地提出预控措施。二是对网省公司通报问题全部在平台记录，由公司本部逐项监督闭环，对红线类问题、一类违章纳入项目部考核，确保网省公司通报在兴力公司发挥积极作用。公司每月对通报问题进行汇总分析，找出薄弱环节，开展自查自纠。自平台应用以来，各项目部累计已发现问题 3 821 条，整改闭环完成 3 790 条，整改闭环率 99.19%(图 3-36～图 3-38)。

5）在质量验收方面

根据省公司《检测试验标准清单》、国网公司质量验收统一表式(509 号文)，上线检测试验管理、质量验评管理功能，严格按照国网公司质量验收流程，要求各监理项目部及时、真实地填报材料/设备检测试验情况、见证取样情况、分部工程/分项工程/检验批的验收情况，上传实测实量照片，有效推动质量管理环节全流程管理。自平台应用以来，各项目部累计已完成 1 984 个检验批的验收，1 157 批次材料/设备的检测试验报告审核，验收数据真实，检查照片齐全。

6）在队伍技能提升方面

一是在平台教育培训模块开发了培训考试、“学习知监”功能，自平台应用以来，已组织全员开展春节后培训 1 次，授课 17 项专业课程，组织各类安规、规程规范考试 2 次。公司员工在“学习知监”模块踊跃开展技术难题讨论、典型经验分享，形成“钻孔灌注桩护筒埋设要求”等有价值、有推广性的讨论成果 4 项。二是收纳了 1 749 项电力工程建设相关规程规范、重要制度，设置了公司《技术标准清单》、监理工作文件包等标准化指导文件，由公司本部定期组织更新，指导一线修订策划文件，规范工程技术标准。

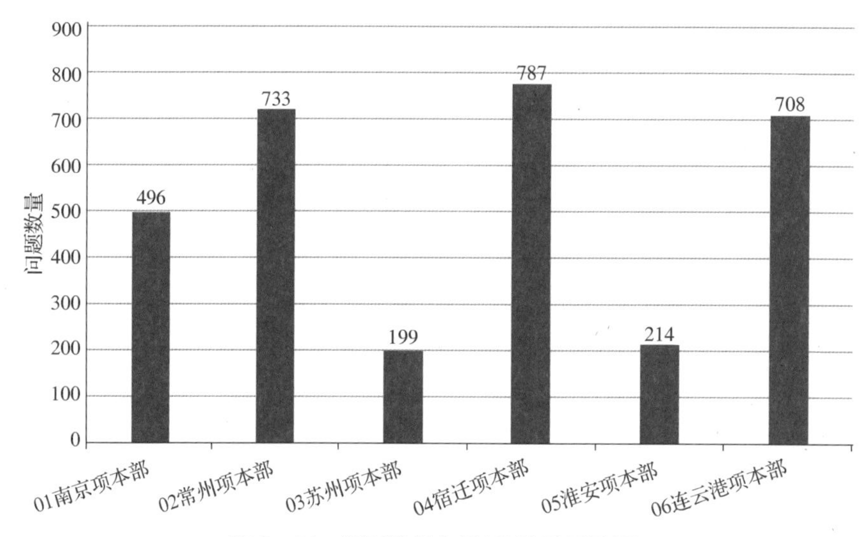

图 3-36　问题数量分析(按地区项目部)

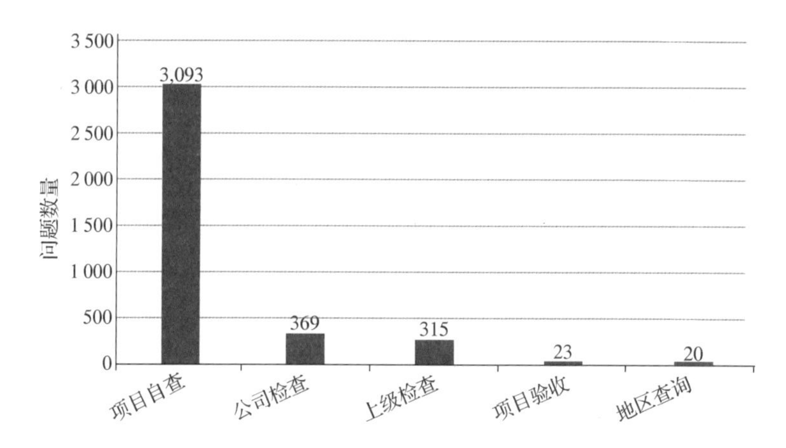

图 3-37　问题来源分析

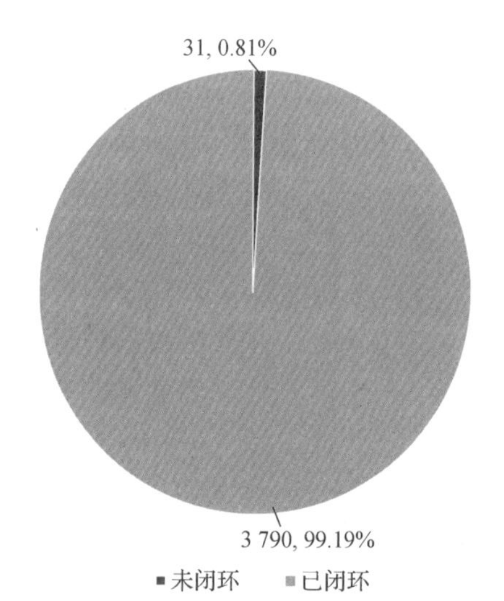

图 3-38　问题闭环情况分析

4 电力工程数字监理平台信任机制及信用体系

4.1 数字监理平台信任机制及信用体系基础模型构建

对平台信任的研究主要集中在电子商务和共享经济领域，文献中对平台信任的定义通常从手段和目的出发，一般认为平台信任是用户相信平台能采取一定的措施降低交易成本、减轻预期风险和提升安全感等其他预期可实现目标的期望[65]。平台采取的措施主要涉及制度和技术两个方面，因此，平台信任主要包含制度信任和技术信任。制度信任一般是对存在必要的结构性条件可提高取得成功结果可能性的确信，即对平台运行环境的信任，而技术信任则是对平台中特定技术执行任务可信度的信念。用户通过平台信任会对其他使用平台的用户产生人际信任，因此，完整的平台信任机制主要包含用户对具体平台的信任和用户之间人际信任的影响因素和发展过程，主要关注两种信任的产生机制和相互影响机制。

在 McKnight 提出的动态信任机制模型中，信任按照时间顺序可分为初始信任和持续信任，前者是刚开始接触时平台产生的信任，也是持续信任的形成基础，后者则是随时间增加不断加固而形成的长久信任[39]。信任倾向被认为是一切信任产生的前置性倾向，它与制度信任一同被认为是对技术信任的前因，技术信任则会促使施信方采取与受信方相关的信任行为，这些行为会对受信方产生积极影响，使双方形成更为牢固的信任关系（如图 4-1）。

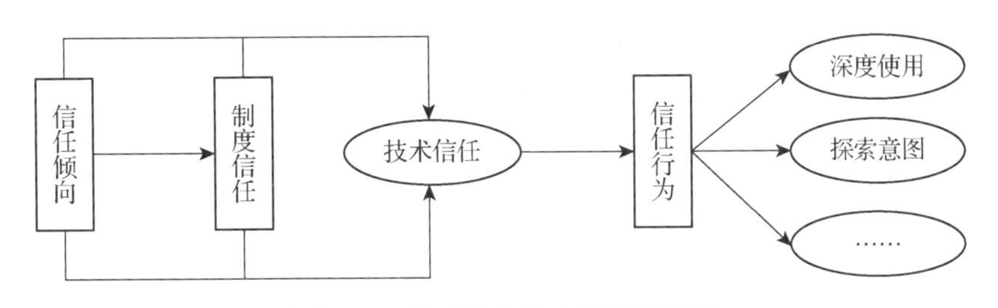

图 4-1　技术信任形成机制结构图

在对电力工程数字监理平台信任（简称“数字监理平台信任”）的研究中，把管理人员看作施信方，监理人员看作受信方，数字监理平台信任就是指管理人员对通过平台的应用能够实现优化管控手段、提升监理质量、构建扁平管理监督体系等目标的期望和信念，这种信念的实现依托于平台运行的制度环境和平台自身的技术支撑。因此，数字监理平台信任的核心内容为数字监理平台制度信任和技术信任，前者指管理人员对数字监理平台所处组织环境能够实现目标的结构性条件的信念，后者则是管理人员对平台中为实现目标所使用的特定技术的信念。对于数字监理平台而言，管理人员对平台本身的信任并不是信任关系的终点，以数字监理平台为基础构建的真实信用体系作为信任关系的媒介，使管理人员产生对监理人员（信用主体）的信任，从而采取一系列与受信方相关的信任行为，因此完整的数字监理平台信任机制包含平台信任产生机制和平台信任作用机制（如图 4-2），前者是对数字监理平台信任的影响因素和产生过程的分析，后者则探究管理人员对数字监理平台信任如何影响对监理人员的信任。

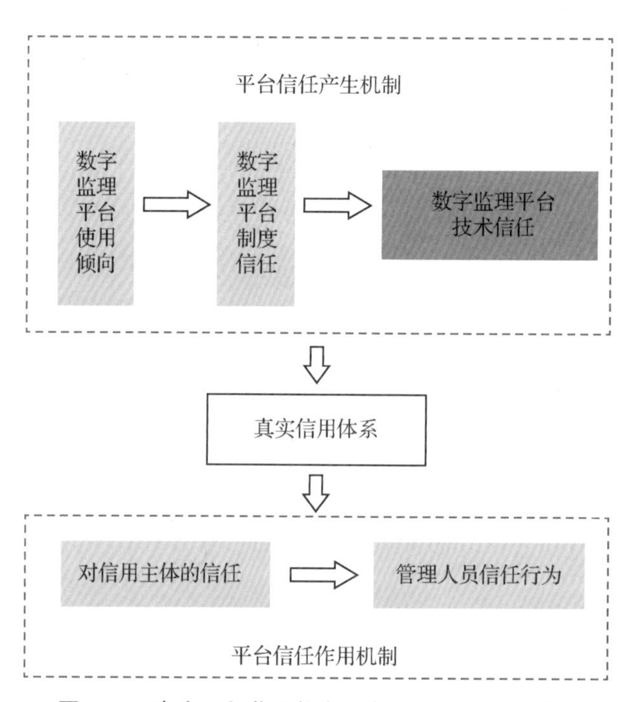

图 4-2　电力工程监理数字平台信任机制结构简图

4.2 数字监理平台信任机制及信用体系理论分析

4.2.1 数字监理平台使用倾向

数字监理平台使用倾向是指管理人员在平台未应用之前，在过往认知和所处环境的影响下产生的想要了解、接触并使用的心理倾向，这种倾向产生的内在驱动是时代背景、组织背景以及技术背景的共同影响，即时代发展的浪潮、企业内部需求和过往的技术积累联合作用。

首先，在整个信息化、数字化的时代背景下，搭建平台已成为大势所趋。一方面，社会信用体系的建设需要大量的个人行为信息，企业内部依托平台技术采集员工行为信息，不仅可以通过履职评价抑制其机会主义行为，还利于形成监理人员的个人信用体系，从多维度进行个人属性特征评价，为未来社会信用体系建设的信息基础提供助力；另一方面，平台加强企业内部连接，优化管理手段，提升管理能力，不仅成为解决委托—代理问题的关键，也是促进员工交流沟通形成互信氛围的一大助力。其次，对于兴力监理公司而言，搭建工程监理管控平台，不仅利于扁平化管理监督体系，实现人员分类分级管控和监理履职痕迹全过程监督，从而破解传统管理模式时间和空间滞后的难题，还可以将收集的信息数据进行分析处理，加强企业知识管理，同时，促进数据的有效传递和共享，提高工程监理管控的集中度和调控力度。最后，考虑到上一代“工程管控平台”在兴力监理公司内广泛使用了六年，在实现工程信息收集、汇总，做实安全风险管控等方面成效显著，平台应用经验会给使用者增添信任，同时，这种同类产品良好的过往使用体验会在相似性原理的作用下产生部分信任转移，加强对兴力监理平台的使用倾向（如图 4－3）。

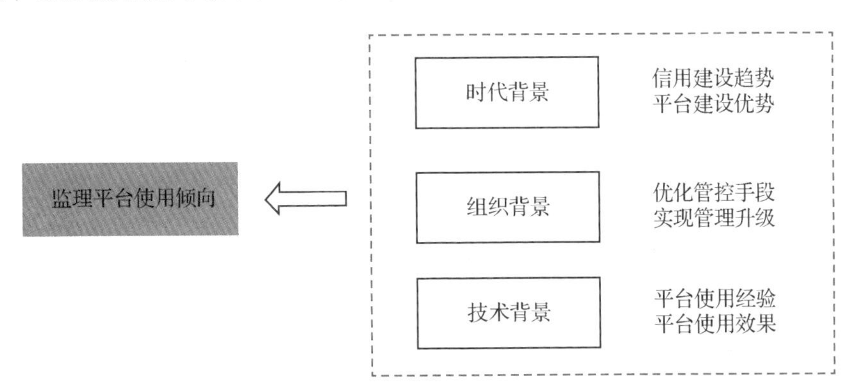

图 4－3　监理平台使用倾向前因示意图

4.2.2 数字监理平台制度信任

数字监理平台制度信任指通过感知企业内部使用数字监理平台的制度保障而产生对结构性条件的信任。这种信任由情境规范和结构保证组成，前者是保证监理平台应用后监理工作情境是正常、有序的条件，后者则是确保监理平台顺利实现目标的正式规则环境。因此，监理平台制度信任主要源于组织内对平台应用的推动性、支持性文件（如表 4－1），前者保障情境规范，后者形成结构保证。

表 4－1 监理平台应用制度规范一览表

	文件名称	作用
情境规范	《工程监理管控平台落地实施方案》	为推动管理平台落地提供具体的方案保障
	《智能化、数据化平台操作手册》	提供系统功能的详细使用说明，指导员工进行各项业务操作
结构保证	《工程监理部、安全监察部部门工作流程和考核激励工作方案》	提炼监理标准化作业流程，明确业务关键节点，将相关管控要求与公司智能化、数据化平台有机结合
	《兴力公司岗位职责清单》	划定各级监理人员在平台中的工作职责，层层分解工作任务，保证数据的准确性、完整性和及时性
	《江苏兴力建设集团监理咨询分公司地区项目部、监理项目部、监理人员评价标准》	有助于梳理平台数据与监理岗位绩效的关系，建立以平台数据指标为基础数据的评价体系模型
	《国网监理项目部标准化管理手册》	设立数据应用指标，是管控基础数据质量的依据
	《扁平化管理体系运转工作机制》	平台与制度相辅相成，促进扁平化管理体系高效运转

4.2.3 数字监理平台技术信任

数字监理平台技术信任可分为功能型技术信任和治理型技术信任，前者指管理人员使用数字监理平台过程中产生的、能够依赖可预测的技术操作过程促进目标成功的信念，后者则是管理人员依赖代表合法性规则和强制性规则的平台技术来界定和约束监理行为，提升监理人员行为的可预测性，以保障目标顺利实现的信念。识别功能型技术信任的影响因素通常使用技术接受模型（Technology Acceptance Model，TAM）中两个衡量技术功能的指标，即功能有用性和功能易用性，前者代表价值生成，后者常为效率的提升。而治理型技术信任则源于平台运行机制和组织制度内嵌，监理平台的功能型技术对治理型技术提供工具基础，治理型技术又反过来提供制度保障，两类技术相互影响，两种信任也相互支撑、相互影响，从而产生更为可靠的数字监理平台技术信任，对这两种技术信任的探究将结合数字监理平台具体情况在4.3节中详细分析（如图4-4）。

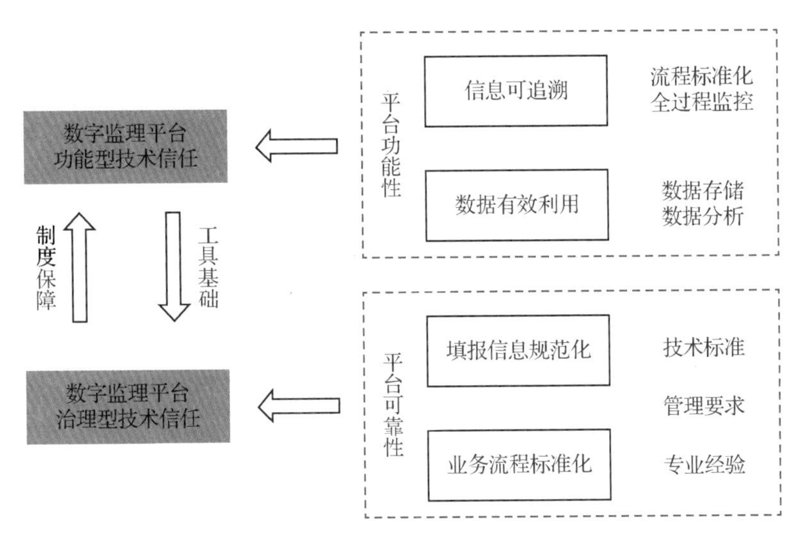

图4-4 监理平台技术信任结构示意图

4.2.4 管理人员信任行为

管理人员对监理人员产生信任的直接原因在于平台输出的个人真实信用体系，而其根源则是数字监理平台技术信任，对平台技术的信任促使对平台中信息数据处理结果的信任，即以全过程可追溯为核心功能的监理平台在流程标准化和闭环机制的保证下，提升了监理人员行为信息的可追溯性和完备性，以此为基础构建的信用体系更为真实、可靠，这种对信用体系的信任进而转移为对信用主体的信任。信用体系的主体指被使用信用体系进行评价的受信方，目前数字监理平台的主要信用主体为监理人员，后可发展为材料、机械等。管理人员信任达到一定程度后将采取一系列信任行为，如将平台导出的监理人员履职信息作为绩效考核的依据，依托公司考核奖惩手段、人员优胜劣汰机制，倒逼监理人员减少机会主义行为，同时，促进管理人员对平台的技术信任，逐渐建立稳固的“管理人员—数字监理平台—监理人员”三方互信关系（如图4-5）。

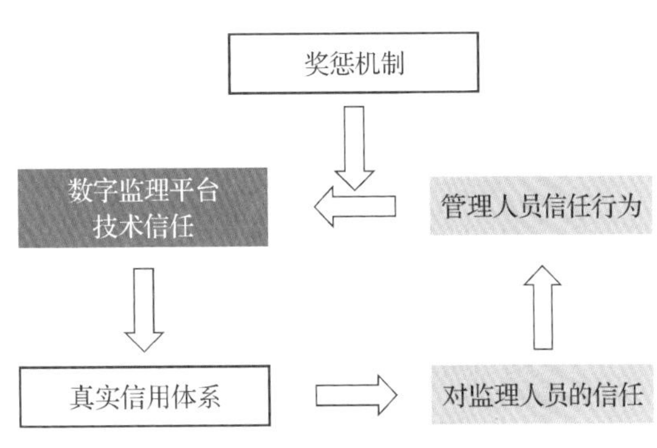

图4-5 监理平台技术信任作用示意图

通过对平台信任机制各环节的分析和影响因素识别，一个完整的监理平台信任机制被提出（如图4-6）。

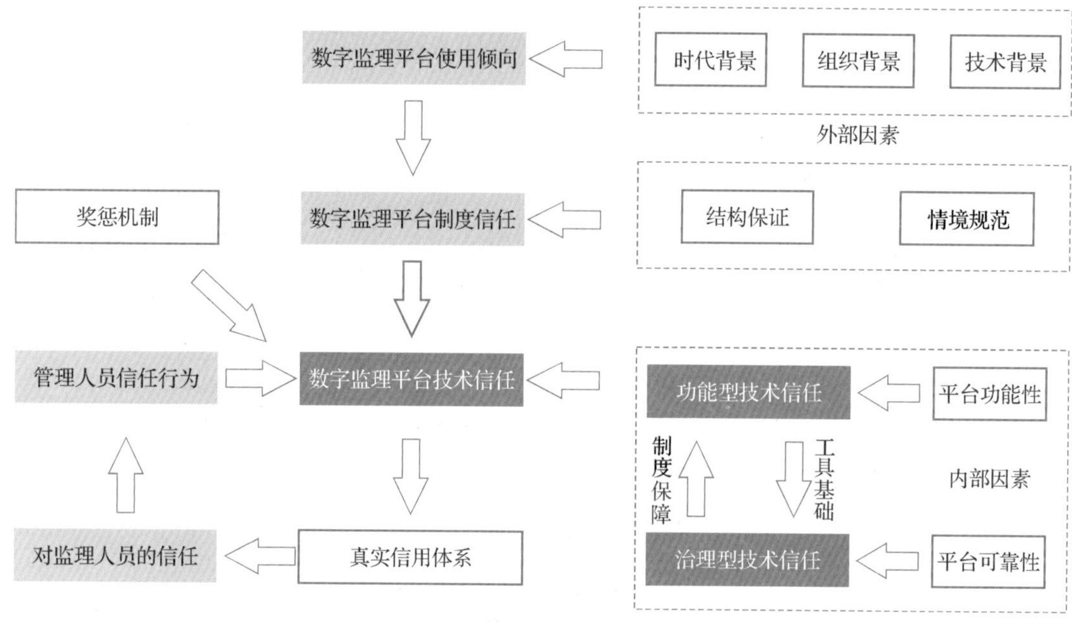

图 4-6　电力工程数字监理平台信任机制结构图

4.3　案例分析

4.3.1　数字监理平台功能型技术信任

兴力监理公司自建立以来，积累了大量的数据资产，在以往传统的管理模式下，浪费了大量的数据资源，主要体现在两个方面，一是数据停留在每个监理人员自身，各类数据难追溯，二是数据价值没有得到挖掘，难以进行转化。而监理平台的应用使监理人员的行为信息实现可追溯，并且可以通过大数据技术，有效利用数据资源，使死数据变成活资产，让数据"活起来"，使数据价值得以提升，转变为企业生产力。而数字监理平台可通过全过程的信息可追溯与数据存储、共享以及智能分析补齐公司短板，实现所期望达到的目标。产生技术信任的主要原因在于施信人感知到技术可实现目标，功能型技术为实现具体目标的实施策略提供工具支撑，治理型技术则起到规则化平台运行环境，促使实施方案有效的作用。

数字监理平台从具体管理工作出发，为实现人员管控、进度管控、安全管控、质量管控、造价管控、技术管理六个方面业务内容，开发了人员管理、工程台账、计划/进度管理、风险管理、问题管理、任务管理、考勤管理、监理日记、质量管理、非输变电管理、造价管理、知识库、履职评价等 14 个模块（如图 4-7）。

图 4-7　数字监理平台模块应用界面图

监理公司对数字监理平台应用的目标主要从管理体系和管控手段两方面入手，具体提出要加强监理规范管理、强化技术经验积累、提高监理服务质量、辅助公司管理决策，将监理工作的标准化流程内嵌平台，让监理人员易于按照标准流程进行监理工作，同时实施多维度监控，充分发挥数据的效用，如对人员承载力、项目进度计划执行、风险全寿命周期管理、关键部位质量验收等通过设置指标由平台进行数据分析，可自动预警异常趋势，督导一线落实整改。而评价体系的创建可以反映监理人员的工作态度和工作效能，倒逼其端正工作态度、减少机会主义行为，从而提升监理工作的效率和质量。对数据资源的有效利用还体现在对数据的共享共用上，平台的介入弥补了工程数据信息分散、缺乏全景式综合展现手段的不足，实现兴力公司总部与各地区项目部，地区项目部与地区各个工程之间工程管理数据的有效传递和共享，提高工程监理管控的集中度和调控力度，将工程监理管控平台作为新形势下监理企业扁平化管理体系运转的驱动引擎，通过平台为监理企业体系运转赋能、加速(如图 4-8)。

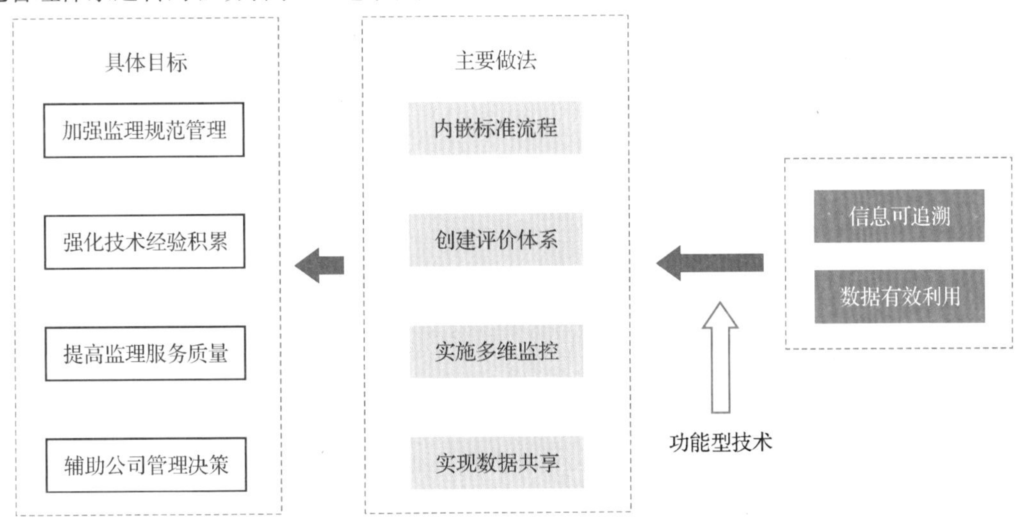

图 4-8　功能型技术作用路径示意图

这些主要的实施方案均以平台实现的信息可追溯、可传递和数据分析技术为支撑。信息可追溯保证监理人员履职留痕，提高其填报信息的准确性，在信息完备且准确的基础上进行数据分析处理，达到提前预警、归结经验、预测决策等目的；信息的高效传递则有利于各级人员沟通交流。这些功能型技术在数字监理平台的各个模块中均有所体现，对数字监理平台中促使管理人员产生功能型技术信任的具体模块进行识别为本节主要内容(对平台内可追溯的分析在第 5 章展开)。

1）人员管理

数字监理平台的人员管理模块从信息的填报、获取到智能分析，实现对项目人员分配进行集中监管，优化各地区人员结构。在监理平台中，监理公司是任命总监和确立监理项目部组织机构的责任主体，通过人员库的建立，人员持证信息的录入，平台可自动进行人员承载力检测，事先控制，规避总监、安监等关键人员兼任数量超规定的情况出现。

通过录入人员基础档案信息，如员工编号、人员主要角色、从事专业、学历、联系方式、持证情况，实现对各监理人员的初步了解，并通过定期抽查实现对信息的动态更新。对于各项目上组织内的人员情况借助平台智能统计分析的功能，直观展示各级监理人员承接项目数量情况，避免同类水平人员参监工程项目参差不齐等情况出现。公司、地区项目部层级可实时监控人员与项目的分配情况，对人员结构不合理的可及时进行调配。这使得监理平台加强了人员管理，实现对项目进行及时归档，保证归档时间、归档附件和归档人信息准确详细，确保信息可追溯，在此基础上，通过结合公司承监工程项目数量、开竣工计划、人员任职资格对公司人员承载力实时分析、预测，方便监理企业找准人员缺口，及时补强，平台看板界面如图 4－9 所示。

2）工程台账

台账作为数字监理平台的核心，是整个平台的数据枢纽，将平台内的模块应用串联起来，从而实现监理工作信息传输通畅，且信息来源、去向处处留痕，是实现信息可追溯的关键模块。台账分布在各个模块中，在工程台账模块中的台账包括：一本账、一本账总报表(合同)、一本账总报表(子项)、计划项目分析(地区)、计划合同分析(黄皮书)。通过对录入的信息数据分层次进行分析，从项目、地区到最终的汇总分析，实现各层级管理人员各取所需。其中一本账(本部)作为信息总账包含了各地项目信息，如项目的合同信息、进度情况、项目人员信息等，并通过其他模块对进度、计划竣工日期等信息进行动态更新，使管理人员依据信息进行相关决策(如图 4－10)。

以人员管理中的人员承载力分析看板为例，其需要不同数据协同处理，工程台账中一本账(合同信息)为人员承载力的合同数量信息提供来源，平台对项目合同按照国网的黄皮书相关规定进行计划合同分析，形成合同计划预计开工汇总和明细，为项目监理工作的前期计划阶段提供支持。

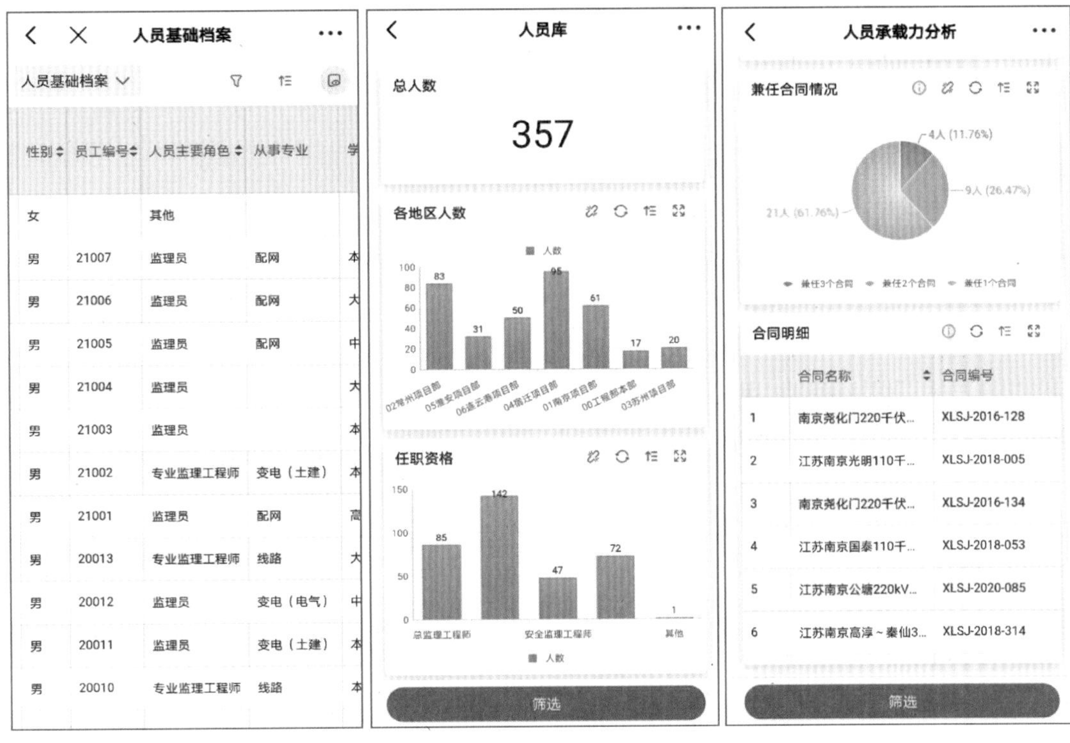

图 4-9　人员管理模块数据看板界面图

图 4-10　工程台账模块数据看板界面图

工程"一本账"的建立有助于打造监理数据集成交互枢纽工程建设项目，为做实、做优项目管理，利用大数据、云计算等技术手段，对合同、项目、组织机构人员、进度、安全、质量、造价、技术标准、产值进行"一揽子"管理，为实现扁平化管理提供平台支撑。公司将项目管理转移到信息平台，在信息平台上填报整合工程基本信息，完成合同创建和维护，录入项目基本信息，诸如招标类型、资金来源、工程类型、电压等级、变电容量、架空线路折单长度、电缆折单长度、子工程数量、计划和实际开竣工时间、合同进度和状态等。工程项目信息维护后，以工程项目为核心，嵌入本工程监理项目部组织机构、安全风险管理台账、质量验收台账、设计变更及签证台账、产值奖发放记录等，形成以工程项目为"针"，业务间的关联逻辑为"线"，环环相扣，统一集成的管理模式。

3）监理日记

人员管理的要素主要包括持证资质、考勤、承接项目情况、考试培训、考核情况五类。兴力公司紧扣五大要素，因此，除了人员基本信息和项目信息外，对人员管理的数据分析还体现在监理日记、考勤管理，通过监理日记的填写情况考察各监理人员工作态度的积极性，可作为人员评价的一项重要指标，督促监理对每日工作做出经验总结，提高专业能力，每日提交监理日记保证信息的及时性，避免线下提交临时补齐的情况（如图 4－11）。

监理日记

监理日记填报（本...

填报人	所属部门	日记日期	天气/气温
朱文华	06连云港项...	2021-03-26	晴21/14
孙汉青	02常州项目部	2021-03-26	晴 17～23℃
潘金诚	01南京项目部	2021-03-26	晴 25℃/14℃
张凤朋	05淮安项目部	2021-03-26	晴22-14℃
买一农	04宿迁项目部	2021-03-26	阴13/21
黄松涛	03苏州项目部	2021-03-26	晴11-22度
陈伟	01南京项目部	2021-03-26	16~25度 晴
赵献平	02常州项目部	2021-03-26	多云 16℃~26℃
张柠	01南京项目部	2021-03-26	XLSJ-2020-017
刘博	05淮安项目部	2021-03-26	晴14-22℃
宋丁	01南京项目部	2021-03-26	多云 16～24℃
陆宇洋	01南京项目部	2021-03-26	晴6℃
梁新东	01南京项目部	2021-03-26	晴25℃

监理日记（总监）

监理日记填报（本部）

图片	提交人	提交时间	更新时间
	李海峰	2021-03-26 16:40:04	2021-03-26 16
	张笑笑	2021-03-26 16:25:02	2021-03-26 16
	陆敏勇	2021-03-26 16:24:19	2021-03-26 16
	黄旻	2021-03-26 16:12:42	2021-03-26 16
	魏澄瀚	2021-03-26 16:00:40	2021-03-26 16
	邵宁	2021-03-26 15:49:19	2021-03-26 15
	周红涛	2021-03-26 15:36:22	2021-03-26 15
	张大华	2021-03-26 14:44:31	2021-03-26 14
	董爱国	2021-03-26 11:40:46	2021-03-26 11
	邱超	2021-03-25 22:24:15	2021-03-25 22
	刘建	2021-03-25 21:58:07	2021-03-25 22
	赵四泉	2021-03-25 21:24:15	2021-03-25 21
	袁泉	2021-03-25 20:36:05	20

每日监理到岗履职...

明细

项目名称	日记链接
南京尧化门220千伏变电站超...	https://jiandaoyun.co...
后周～别桥110千伏线路工程...	https://jiandaoyun.co...
徐圩500kV变电站扩建220kV...	https://jiandaoyun.co...
南蔡220千伏变电站110千伏间...	https://jiandaoyun.co...
	https://jiandaoyun.co...
槐树街道公变低压台区维修项目	https://jiandaoyun.co...
宿迁本部10kV黄河1#132线30...	https://jiandaoyun.co...
淳东～桠溪110千伏线路工程...	https://jiandaoyun.co...
中扬110千伏变电站新建工程	https://jiandaoyun.co...
北区110千伏变电站110千伏间...	https://jiandaoyun.co...
	https://jiandaoyun.co...
国网江苏电科院变压器有载分...	https://jianda...
2021年南京高淳20kV及以下...	https://jiandaoyun.co...
南京高淳10kV东桃线新建联络...	https://jiandaoyun.co...

图 4－11　监理日记模块数据看板界面图

对监理日记的分析主要包含提交日记人数及人员名单，并记录提交多份日志人员。监理日记的提交可以看出监理人员的工作态度，平台通过每日监理到岗履职看板记录每日日记的具体情况，提供各监理人员的监理日记明细和日记链接，通过信息的透明化和公开化，促进信息共享进而营造监理人员互相沟通交流、学习互助的良好工作氛围。

4）考勤管理

考勤管理包括上下班打卡、出差申请、请/休假申请等内容，实现基本的考勤情况落实，对监理人员的考勤信息进行各地项目部对比，不仅将考勤信息体现到个人履职情况，还可对不同项目部间考勤情况差异进行分析，管理人员每日通过考勤看板，检查人员打卡、缺勤情况（如图 4－12）。

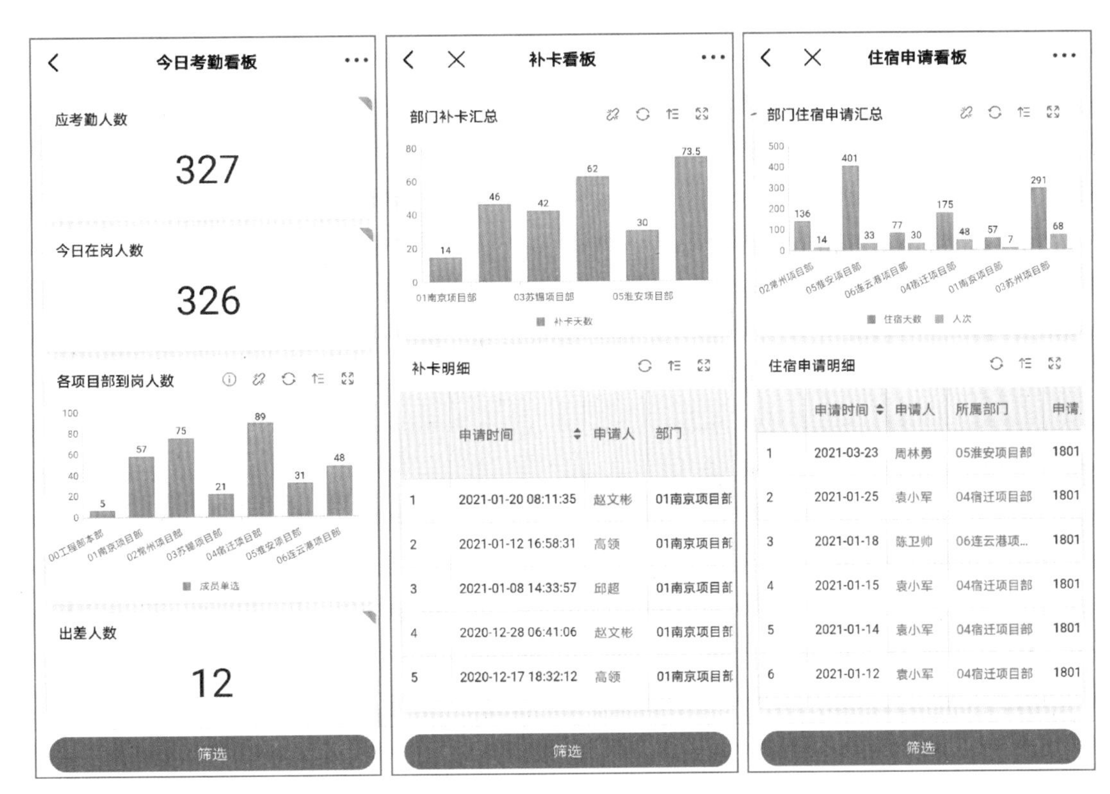

图 4－12　考勤管理模块数据看板界面图

5）教育培训与知识库

人员是监理公司的核心资源，而监理人员的专业能力则是提升监理质量的关键。监理平台构建了知识库和教育培训两个模块，利用信息平台，强化资源整合，实现技术标准信息、文件包的实时共享，由公司统一集中修编，确保各级监理人员从事技术管理工作有支撑，技术标准类信息准确实时性有保障，并且提供公司级技术难题攻关交流平台。兴力公司针对规范条款要求有差异、要求不清晰、技术难题未攻破等问题，在信息平台上打造了技术交流平台，发挥集体智慧解决企业甚至行业内部未得到有效解决的技术管理难题，在公司内部统一做法，从而起到指导一线工作，促进公司内部技术管理水平整体提升的作用(如图 4－13)。

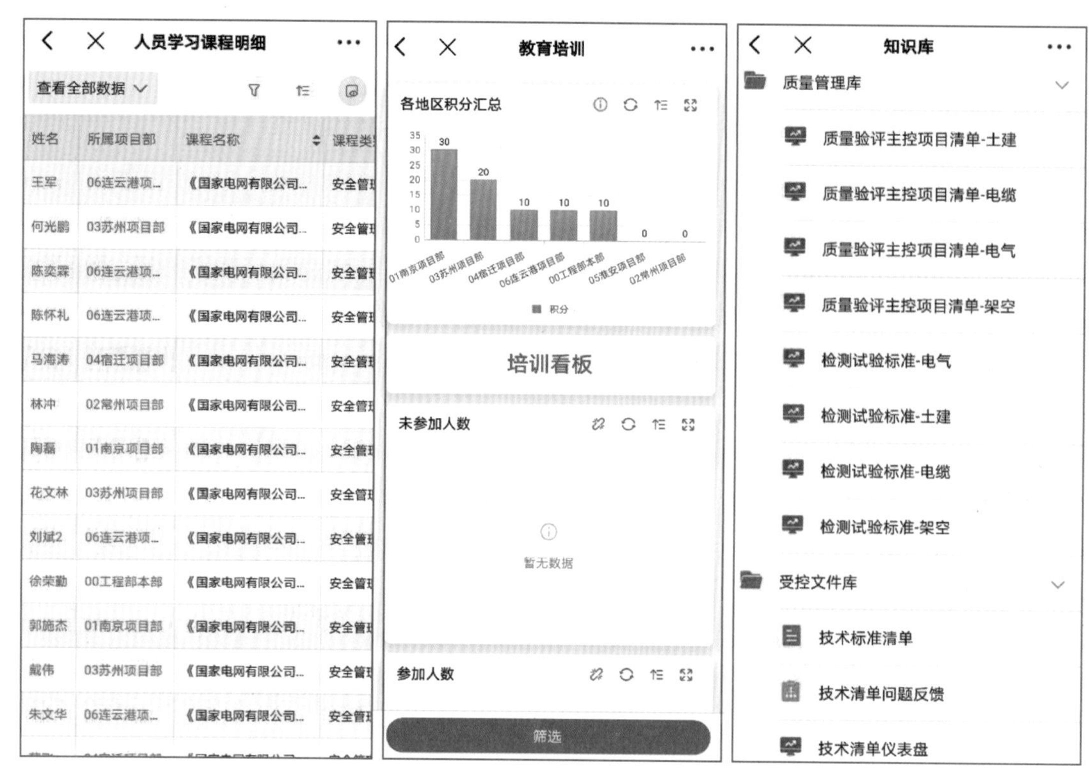

图 4－13　教育培训和知识库模块数据看板界面图

6) 风险管理

安全风险管控是工程安全质量管控的重点，对监理企业而言，掌握风险实施计划、强化安全措施执行更是提高监理服务质量的重要举措。利用信息化技术手段，对风险管控环节中计划纠偏、实施状态、到岗人员、控制情况等多种要素进行先分解、再集成，通过平台打造公司级安全风险管控驾驶舱，实时、集中展示当日、本周、本月的风险计划执行情况、风险实施进度、人员到岗履职频次、预控措施落实检查情况，并可从地区、人员、时段、工程等方面为切入口，多维度分析当前风险状态。此外，平台提供了远程视频连线等通信方式，助力管理人员远程开展视频检查。通过设立风险管控驾驶舱，为公司提供了对安全风险管理的集中监控中心，实现安全风险扁平化管控(如图 4－14)。

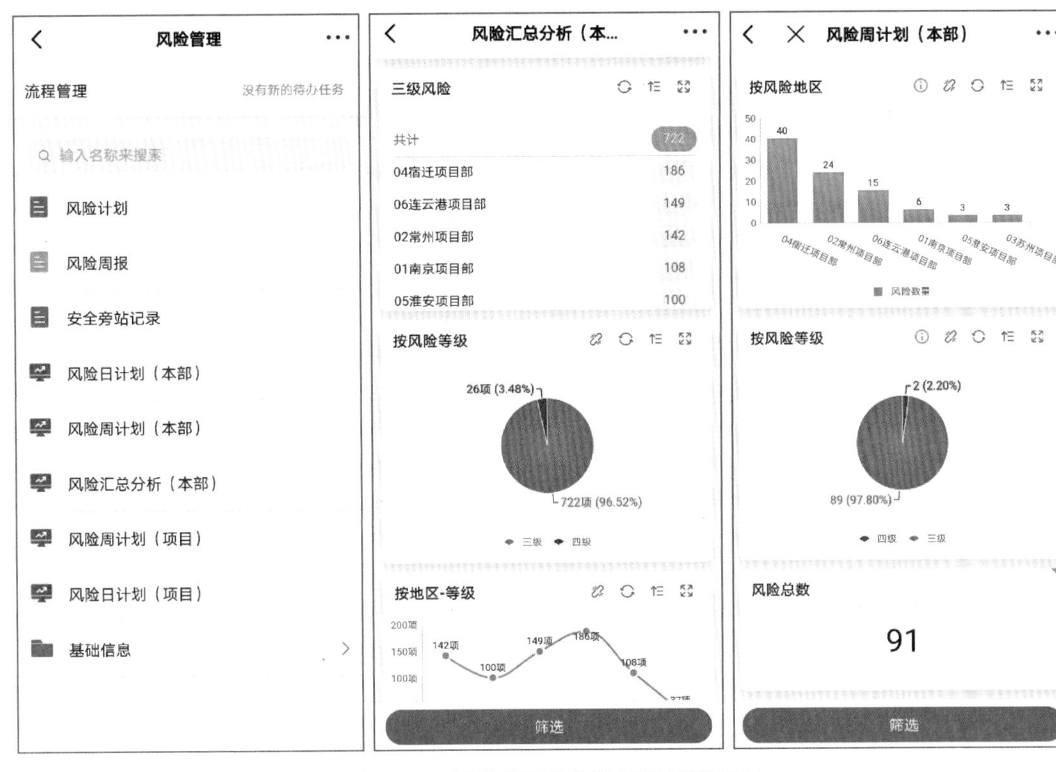

图 4-14　风险管理模块数据看板界面图

7）质量管理

工程质量是建设工程的真正生命力，对于监理企业面临项目多、任务重的局面，更应重视质量管理工作，要在全面完成建设目标的同时，通过监理服务努力提升建设质量，落实精益化工程建设管理。以台账为抓手，实现本部、地区、监理项目部对质量工作“齐抓共管”。质量管理模块主要为质量验评、检测试验以及阶段验收，贯穿质量管理全过程，通过对材料检测试验、质量旁站到验收三类要素的填报分析，分别管住源头、过程、结果。

数字监理平台中最为核心的质量验评包含土建、电气、架空线路以及电缆线路质量验评管理和看板，通过对各监理工作类别的数据进行分别存储与分析，推进监理工作精益化，可对现场的质量管理工作进行监督和指导。通过信息平台，为广大一线人员提供了标准化流程及验收要求，在开展质量管理工作时利用平台进行数据填报，系统自动建立台账，并自动关联相关验收数据，既解决了部分一线人员不知道“验什么，怎么验”的难题，又以台账的形式帮助各级管理人员对一线质量验收工作的开展情况提供了直观的表现形式，实现质量管控扁平化（如图 4-15）。

图 4-15　质量管理模块数据看板界面图

8）造价管理

做实设计变更与现场签证的审查和验收是造价管理的核心要义，通过建立设计变更、现场签证两本台账，明确台账中需填报的数据内容。设计变更台账应包含变更的卷册号及图号、变更原因、变更提出方、变更内容、变更工程量及费用变化金额、监理验收情况。现场签证台账应包括签证事项内容、相关措施方案、纪要或协议、支付凭证、照片、示意图、工程量及签证费用计算书、监理验收情况。通过台账，贯通监理项目部、地区项目部、公司本部，打造垂直监管体系，科学避免设计变更及现场签证不合规，减少廉政风险（如图 4-16）。

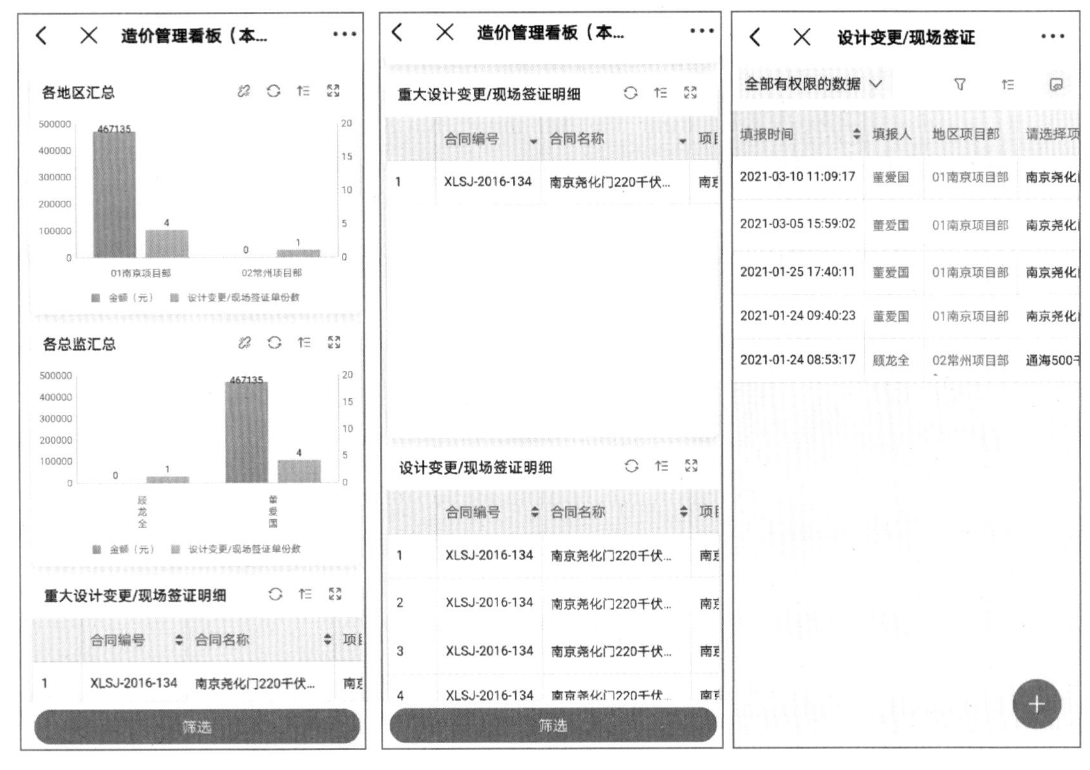

图 4-16　造价管理模块数据看板界面图

9）问题管理

通过问题管理模块提高项目现场问题的曝光度和关注度，促进问题及时整改闭环、纠正预防。一方面要求各级监理去主动发现问题、解决问题，利用平台自动建立台账，严格按照分层分级管理模式，对违反“五条红线”“十不干”、强制措施等硬性要求的问题需提级上报，通过提高曝光度，促进问题、隐患的快速消除。另一方面利用问题管理模块，分析各类别问题的数量、频次，找准管理薄弱环节，从而有针对性地制定问题解决对策及纠正措施，逐渐减小问题重复出现的概率（如图 4-17）。

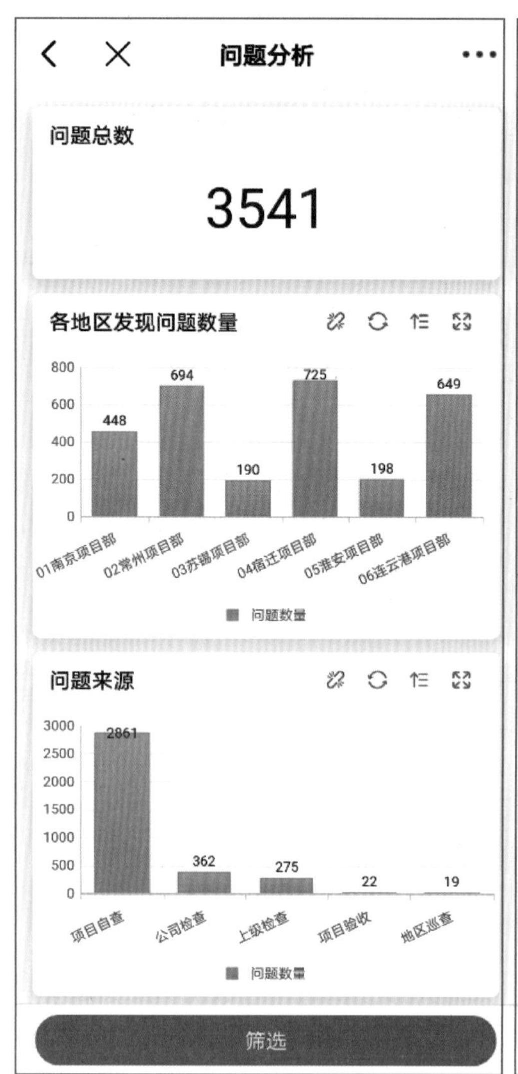

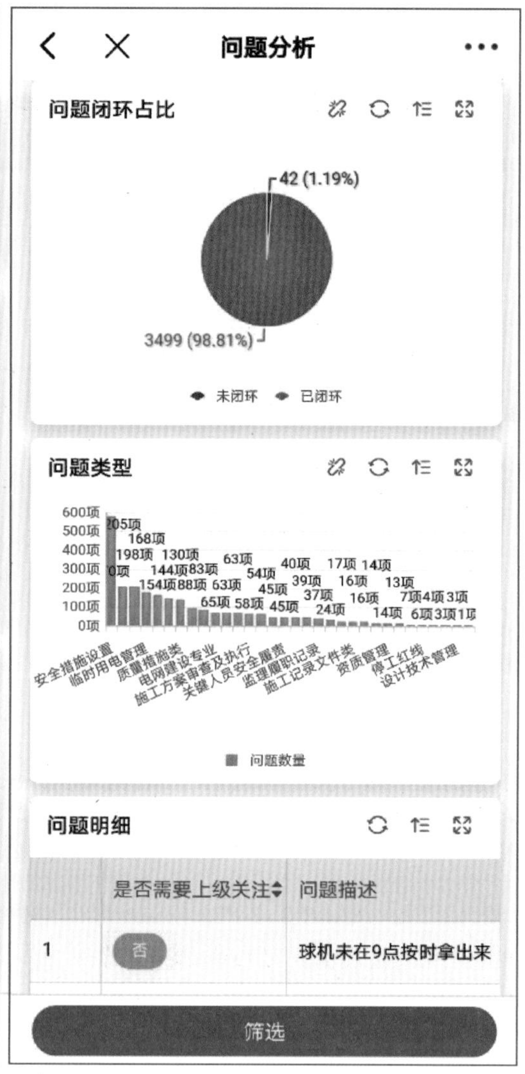

图 4-17　问题管理模块数据看板界面图

10）履职评价

通过履职评价的“六本台账”（关键人员动态管理跟踪台账、施工机具动态管理台账、原材料及试验跟踪管理台账、施工方案审查台账、质量旁站记录台账、验收情况台账）可对监理人员的履职情况做出全面评价，有助于引入综合指标，深化平台数据应用，量化公司、地区、个人在安全、质量、进度、造价等方面的管理情况，建立评价标准模型，直观反馈各地区、个人的工作成效，促进监理队伍梯队化建设，营造比学赶超的氛围（如图 4-18）。

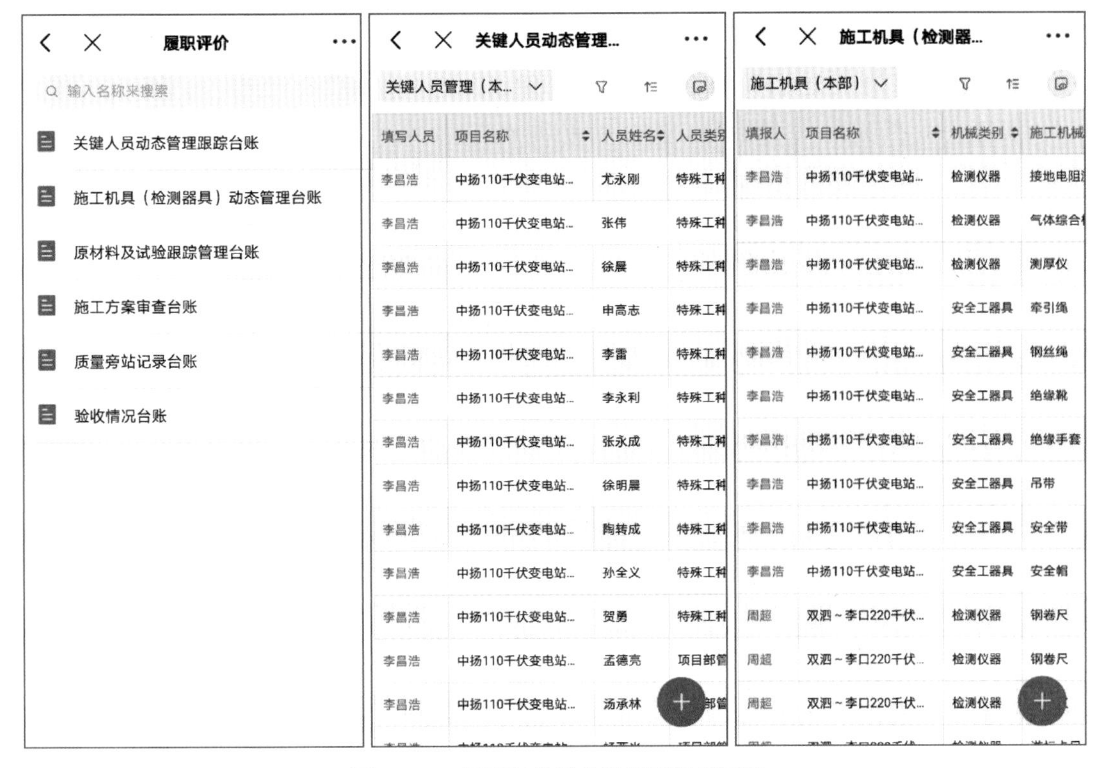

图 4－18　履职评价模块数据看板界面图

数字监理平台通过从多维度统计分析监理业务数据，多层级对人员承载力、项目进度计划执行、风险全寿命周期管理、关键部位质量验收等指标，自动预警异常趋势，督导一线落实整改。一是实现数据流实时监控。围绕系统数据传输准确性，开展数据采集成功率、误发率、一致率等指标的监控，动态开展数据维护。二是实现业务流实时监控。平台实现了人员承载力预判、项目饱和度评估、安全风险覆盖率、监理人员到岗到位率、关键验收环节的覆盖率等业务指标的实时统计发布，指导各级监理掌握掌控重点，及时调整管理和执行策略。

4.3.2　数字监理平台治理型技术信任

治理型技术使监理工作实现平台内的标准化，从而提升平台可靠性并加强平台功能性，通过在填报信息和填报流程的设计中嵌入管理要求和指导意见使监理工作的业务流程规范化、标准化，规范了各级监理人员工作(如图 4－19)。

功能型技术的重点在于信息，而治理型则由点及线，主要体现在流程上，将原本的监理工作和日常业务流程嵌入数字监理平台，形成合理的平台运行机制，对治理型技术的分析主要涉及数据权限管理和业务流程信息化。实现合理有效的业务流程信息化的关键在于对业务流程进行标准化设计，其主要体现在填报信息和填报流程的平台化上。数字监理平台要求监理人员填报的信息均有“法”可依、有“迹”可循，将企业内部制度和技术标准内嵌各模

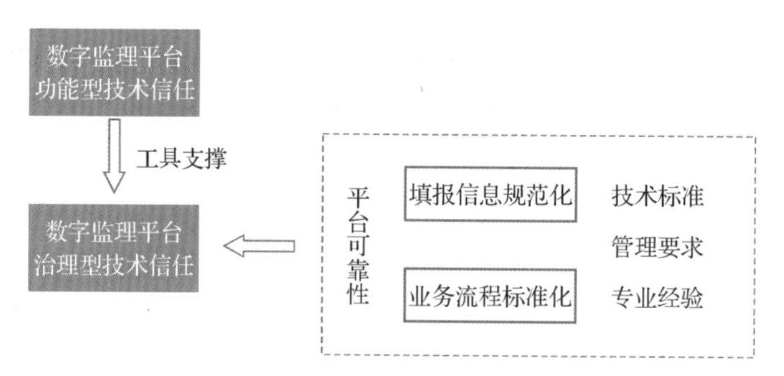

图 4-19　数字监理平台治理型信任前因示意图

块，结合相关管理要求和技术标准做到各模块的业务流程在数字监理平台上的深化，使组织平台作业环境规范化(如图 4-20)。

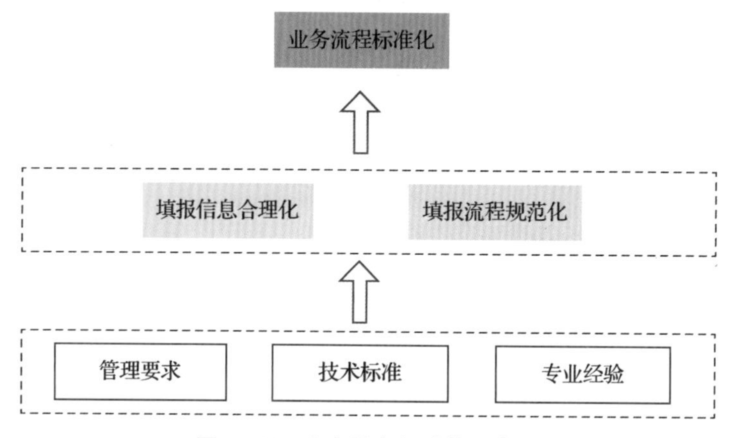

图 4-20　业务流程标准化示意图

1) 整体运行机制分析

数字监理平台的整体运行机制依靠各模块间的紧密联系实现监理工作业务流程信息化。数字监理平台利用"风险管理"和"计划/进度管理"进行风险提前预控、工作提前计划和进度实时管控；通过"任务管理"实现工作流程从计划、实施到反馈的全过程监理；用"质量管理"强化监理工作结果的检验记录，过程中的变更处理和问题反馈分别由"造价管理"和"问题管理"落实；"监理日记"作为监理人员自己的工作输出，与平台使用各类台账自动记录的数据相互补全；"知识库"中各种规范、标准为监理人员完成监理任务提供知识支撑；"教育培训"则深化监理人员的教育问题，提高监理人员队伍的整体服务水平；平台内记录的过往经验经过整合处理达到扩充"知识库"的目的，不断充实、完善监理公司"智库"；利用项目/个人工作台，可直观展示考勤、风险到岗到位、安全旁站、施工单位报审材料审查、监理验收、发现问题、跟踪闭环等履职数据，倒逼各级监理主动去履好职、尽好责。

利用工程"一本账"全范围跟踪项目实施进度，多维度分析进度数据价值，辅助过程管理决策。明确各监理项目部总监为工程进度数据填报的第一责任人，平台自动汇总填报数据并更新维护进度台账，帮助公司本部、地区项目部管理人员实时掌控项目进展情况。利用平台“一本账”对项目进度实行统一集中管理，益处颇多，不仅能够自动与电网建设黄皮书计划进行纠偏，对可能超期的项目进行提前预警，还能够逐级分解进度计划，排定预测未来项目建设的趋势图，公司承监工程的波峰、波谷一目了然，方便部门合理调整人员、资源投入，确保满足项目建设需求。通过“一本账”与安全风险、质量验收、产值等其他主要业务方面的逻辑关联，兴力公司深化进度数据应用，可通过进度填报智能比对安全风险管理台账、质量验收台账，判断是否存在安全风险计划未报送、质量验收工作开展不及时等问题。同时，根据每月填报的进度数据，可自动计算该监理项目部的当月产值，为奖金分配提供数据支撑，完成整体业务流程的闭环（如图 4－21）。

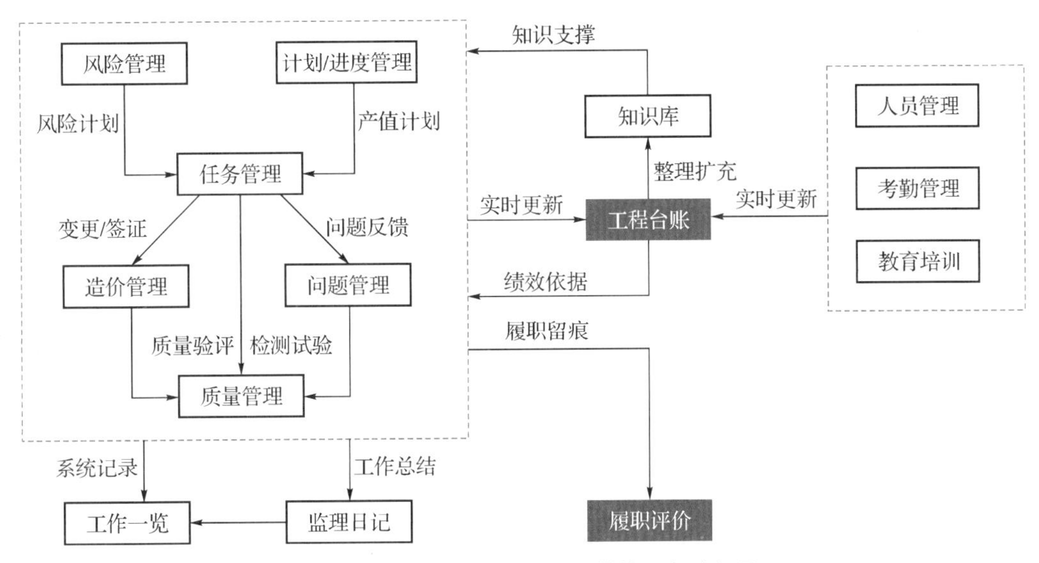

图 4－21　数字监理平台整体模块业务流程图

2）标准化依据分析

在“质量管理”模块中，侧重原材料检测试验、质量验评以及阶段性验收三个关键环节，紧扣《输变电工程设备材料质量检测标准清单》《施工质量验收统一表式》两项文件，结合《国家电网有限公司输变电工程验收管理办法》，依托监理平台，实现“源头—过程控制—验收”的全过程质量管理。结合各专业工作特点和现场工作实际，分别建立了材料检测试验、监理平行检验、隐蔽工程验收、阶段性验收工作流程，梳理总结了各类型工程项目关键部位验收清单。针对输变电工程质量验收专业化程度高、质量标准引用规范内容较多等特点，由公司组织对三个专业中所涉及的质量验收规范和条文内容进行了逐项整理，将各专业质量管理要点嵌入各类质量管理环节中，引导各监理项目部规范、真实地开展质量管理工作。

在“风险管理”模块，建立完善的风险标准化库，统一风险填报要求。数字监理平台中建立风险库，包含《风险管理办法》中所有三级及以上安全风险，并添加线路交圈作业等网省公司重点关注风险。说明风险范围、风险阶段、工序和作业内容、风险级别，明确风险的预控措施，确保各监理项目部风险识别、预判、计划填报的准确性、规范性。对风险管控的要求予以明确，要求对风险踏勘情况、监理预控措施检查情况进行具体描述，比如：临近带电作业项目，明确带电体的电压等级、施工部位与邻近带电体的最小距离等；架线涉及跨越项目的，在风险控制情况中明确具体跨越内容和需搭设跨越架情况，如跨越带电线路（注明电压等级）、跨越公路（公路级别）、跨越铁路和跨越河流航道等。

建立三级及以上风险上报机制，按照“月计划、周准备、日跟踪”的风险管理机制，逐步校准风险计划，确保风险计划不漏项，风险等级识别准确。借助数字监理平台的智能统计功能，每日早晨自动汇总当日风险实施计划，报送至部门和地区各级管理人员，管理人员可按照风险等级、重要程度委派相关人员进行现场督察或远程抽查。每日下班前，平台自动汇总收集各风险作业实施及监理控制情况，形成当日风险晚报，帮助公司及地区管理人员跟踪监理到岗到位及履职情况。规范风险全寿命周期管理流程，构建风险逐级管控、集中监控的管理模式。

在“造价管理”模块，严格按照《国家电网有限公司输变电工程设计变更与现场签证管理办法》的相关规定，严格落实监理单位责任，做实设计变更与现场签证的审查和验收，建立设计变更、现场签证两本台账，明确台账中需填报的数据内容。设计变更台账应包含变更的卷册号及图号、变更原因、变更提出方、变更内容、变更工程量及费用变化金额、监理验收情况。现场签证台账应包括签证事项内容、相关措施方案、纪要或协议、支付凭证、照片、示意图、工程量及签证费用计算书、监理验收情况。

在“知识库”模块，依据《监理项目部标准化管理手册》及相关公司制度文件，集中编制了“监理文件包”，用于统一规范、指导监理文件的编制和施工单位报审文件的审查。同时，定期收集整理与电力工程管理相关的法律法规、行政发文、规程规范、网省公司重要制度文件，建立公司《技术标准清单》并实时更新，作为监理企业技术标准库。利用信息平台，强化资源整合，实现技术标准信息、文件包的实时共享，由公司统一集中修编，确保各级监理人员从事技术管理工作有支撑，技术标准类信息准确实时性有保障。

在“任务管理”模块，核心子业务为“任务下发”，监理工程师提前填报第二天的工作计划，经总监审定同意后，由总监填写“任务交办”并通过“任务下发”发放给监理工程师，同时，监理工程师通过“事项反馈”与总监商议变更计划，引入反馈机制促进员工交流，而这些行为信息都将录入工程计划台账，保证信息的可追溯。

在“问题管理”模块，对问题进行分层、分级管理，一是满足各级监理在该模块记录发现问题、跟踪闭环的实际业务需要，通过监理每日工作成效全面展示各级监理人员发现、解决问题的能力；二是通过现场问题类型判别监理履职成效，并量化对项目进行评价；三是通过问题分类及各类问题出现的频率分析公司管理薄弱地带和短板，有针对性地制定问题解决对策及补强措施，逐渐减小问题重复出现的概率。

表 4－2 数字监理平台模块设计依据汇总表

模块名称	依据	作用
质量管理	《输变电工程设备材料质量检测标准清单》《施工质量验收统一表式》《国家电网有限公司输变电工程验收管理办法》国网（基建 3）188－2019	促进实现“源头一过程控制一验收”的全过程质量管理
风险管理	《国家电网公司输变电工程风险管理办法》	建立完善风险标准化库，统一风险填报要求
	《国家电网公司输变电工程施工安全风险识别、评估及预控措施管理办法》国网（基建 3）176－2019	制定标准化监理企业风险管控流程，在信息系统内固化
计划/进度管理	《国家电网有限公司输变电工程进度计划管理办法》国网（基建 3）179－2019	规范计划/进度填写信息
造价管理	《国家电网公司输变电工程设计变更与现场签证管理办法》国网（基建 3）185－2017	落实监理单位责任，做实设计变更与现场签证的审查和验收，建立设计变更、现场签证两本台账，明确台账中需填报的数据内容
知识库	《监理项目部标准化管理手册》	建立监理文件包、公司技术标准清单库，提供统一技术支撑工具
监理日记	《监理项目部标准化管理手册》	规范监理日记填写，强化监理履职

5 溯源验证系统下电力工程数字监理平台可追溯性分析

5.1 溯源验证系统(CVS)及可追溯性的定义

溯源验证(Compliance Validation)是指检查人员、既定计划和一系列行动是否得到很好的执行,对其结果及过程进行溯源。每当规定的行业执行或改变重要的工作流程,相关部门要求溯源数据以证明流程被很好地运行,得到了期望的结果。这一对数据的溯源就是验证。溯源验证系统(Compliance Validation System,CVS)的理念来源于新加坡招投标系统,CVS的核心是过程数据与结果数据的可追溯,也就是在可追溯基础上形成“人、材、机、环境”及“项目、公司”的真实信用体系。

不同的标准化组织、法规和学术论文提出了不同的关于可追溯性的定义。国际标准化组织(ISO)把可追溯性定义为“通过生产、加工、分发等特定阶段跟踪饲料或食物的运动过程的能力”[120]。Cheng 和 Simmons 把可追溯性定义为“顺原路返回并且核实某些事件发生的能力”[121]。Opara 和 Mazaud 把可追溯性描述为“供应链上所有信息的收集、记录、维护与应用,这样的方式给消费者提供了关于产品起源与生命历程的保证”[122]。Bollen、Riden 和 Opara 又把可追溯性定义为“信息可以被提供的手段”[123]。然而,García、Santos 和 Windels 把可追溯性定义为“追溯对于一个特定项目或软件产品内的组织来说所有的可以被认为足够相关的元素”的能力[124]。

关于可追溯性的定义也可以被分成不同的类型。Linvall 和 Sandahl 把可追溯性分成水平追溯与垂直追溯[125]。水平追溯是追溯不同模型间的协作项目,垂直追溯是追溯模型内部的相关项目。最常被提及的可追溯性的定义来自 Moe 的一篇文章。Moe 把可追溯性分成两种类型,分别是供应链追溯和内部追溯。供应链追溯是指“通过全部或部分从生产到运输、存储、加工、分发和销售的生产链来跟踪一个产品批次及其历史的能力”;内部追溯是指“在供应链的一个步骤内部跟踪产品批次及其历史,比如生产步骤”[126]。

5.2 数字监理平台可追溯性

基于 Moe 对于可追溯性的定义，我们把数字监理平台可追溯性定义为：通过全部或部分从工程台账到考勤管理、计划/进度管理、风险管理、问题管理、任务管理、监理日记、非输变电管理、造价管理、质量管理、履职评价的工作流程来跟踪监理工作人员及其过往工作历史情况的能力。

Aung 等学者基于食品链中对于可追溯性的要求，提出一个概念框架[127]。在此框架中，为了实现整个供应链的可追溯性，所有供应链的参与者被认为同时具有内部追溯与外部追溯。把此框架引入数字监理平台，数字监理平台的可追溯性框架如图 5-1(箭头代表信息流)。在数字监理平台中，监理工作的工作流程内化为平台内的模块应用，每一个模块内包含了监理人员及其过往工作历史情况的信息。这种基于模块内部信息的追溯被称为内部追溯，而对不同模块之间数据调用的追溯被称为外部追溯。

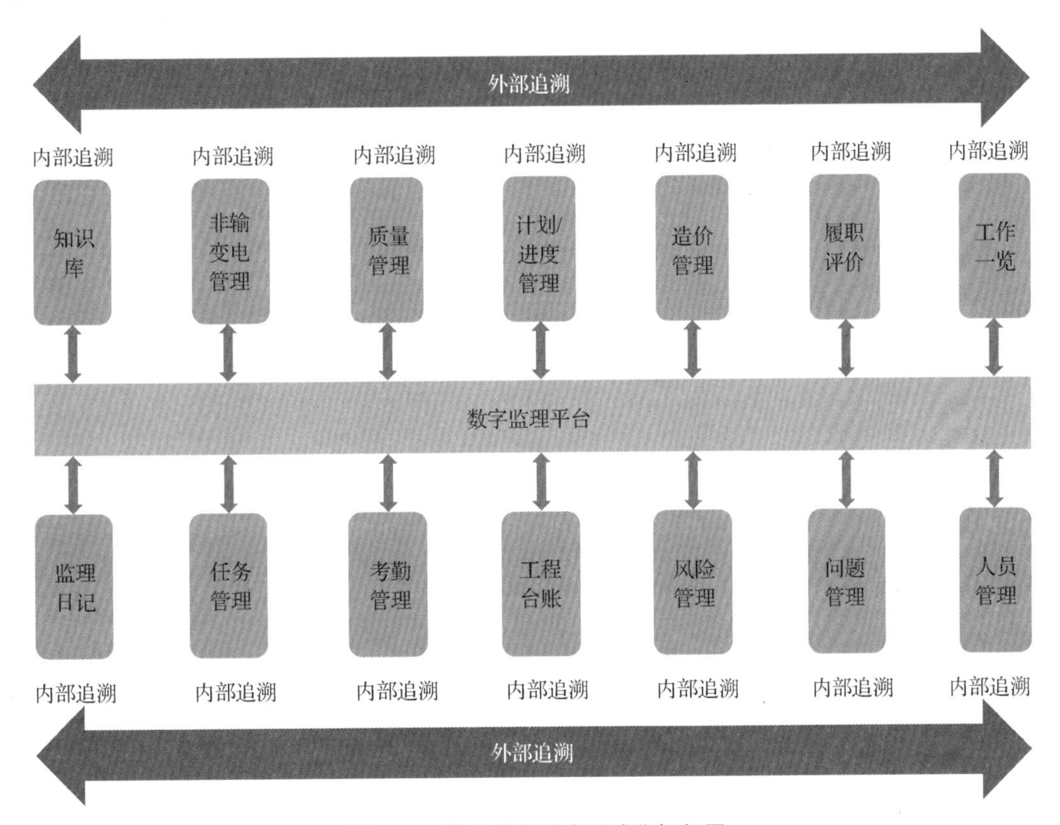

图 5-1 数字监理平台可追溯框架图

5.3 数字监理平台可追溯性方法

5.3.1 数字监理平台的活动与产品

Kim 等把一个理想追溯系统中基础且必要的核心部分描述成追溯产品(Products)以及活动(Activities)的能力。产品以及活动也被描述成核心实体(Core Entities),可以被独立地描述与考虑[128]。

在数字监理平台中,"活动"对应着平台内的各个模块,包括人员管理、工程台账、计划/进度管理、风险管理、问题管理、任务管理、考勤管理、监理日记、非输变电管理、造价管理、质量管理、履职评价、知识库和工作一览;"产品"对应监理工作人员的工作成果,二者共同构成了此平台的可追溯系统。

5.3.2 数字监理平台的可追溯单元

食品系统中的可追溯性依赖于可追溯的最小产品单元,也就是 Kim 等人定义的可追溯单元(Traceable Resource Unit,TRU)[128]。可追溯单元被定义为一个定量的单元,可以是一个产品或多个产品,但是在相同的工序下被加工并且有相同的特点[129]。

Karlsen 等提出了三种类型的可追溯单元,分别是批次(Batch)、交易单元(Trade Unit,TU)、物流单元(Logistics Unit,LU)[129]。批次是接受同样工序的所有材料的总量;把批次分成更小的交易单元(TUs)用于售卖;为了运输或存储,交易单元(TUs)被堆成物流单元(LUs)。Borit 和 Olsen 提出批次类可追溯单元通常用于在一个公司内的内部追溯,而交易单元类和物流单元类可追溯单元用于公司间的外部追溯[130]。

在数字监理平台内,可追溯单元是可以用于溯源的最小单位。本平台的各个模块间进行信息交换,但是不与其他类型的平台进行信息共享,所以选择批次类(Batch)可追溯单元,即每个模块内的"可记录子项"就是平台可追溯系统的一类"可追溯单元"。

5.3.3 数字监理平台可追溯单元的识别

在选择了可追溯单元的水平后,需对其附加独一无二的识别码(Identification Mode)[123,128]。对于批次类(Batch)可追溯单元,其标识符通常产生于食品运营公司内部,而不用遵守外部标准。对于交易单元(TU)与物流单元(LU)类可追溯单元,则被明确要求使用国际标准类标识符。

尽管可追溯单元标识符应独一无二,但在实践中却有所变化。Aung 等学者提出两种不同的识别方式，一种是一类可追溯单元使用一个标识符，一种是多类可追溯单元使用一个标识符[127]。前者更准确，但更昂贵复杂。

在数字监理平台中，使用第一种识别方式，且标识符使用“可记录子项”的名称，以工程台账为例，示意图如图 5-2(TRU 代表可追溯单元)。

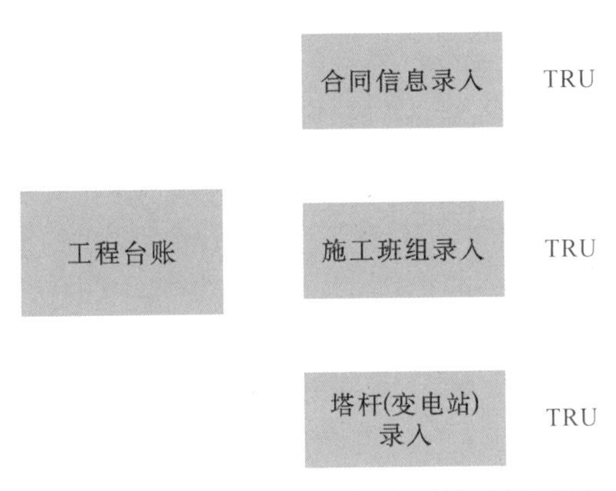

图 5-2　工程台账中可追溯单元的识别示意图

5.4　数字监理平台可追溯性架构设计

5.4.1　工程台账

在工程台账模块下，有七个子项，分别是一本账、工程台账、基础信息、一本账总报表(合同)、一本账总报表(子项)、计划项目分析(地区)、计划合同分析(黄皮书)。

对工程台账模块的内部追溯是指对单项工程的工程状态、年度进度计划、工程计划开投时间、实际开投时间、工程当月进度、工程阶段、形象进度、施工单位等进行跟踪记录。项目合同信息录入、施工班组录入、塔杆(变电站)录入对应三类可追溯单元(图 5-3，图 5-4)。只要进行项目归档，就会在数量上产生新的同类可追溯单元。对其他类可追溯单元也是相同机制，需要时可进行正向跟踪和逆向溯源。具体可以追溯的信息如表 5-1。

表 5-1　工程台账模块的可追溯信息

可追溯单元	具体可追溯信息
P1 合同信息	合同名称、合同编号、合同额、地区项目部、中标总监、省公司黄皮书信息、子项目信息、工程概况、完成产值、组织机构人员、立项
P3 施工班组录入	流水号、项目名称、班组类型、班组长姓名、班组备注
P4 塔杆(变电站)录入	项目名称、塔杆号(变电站)、塔杆(变电站)定位、图片

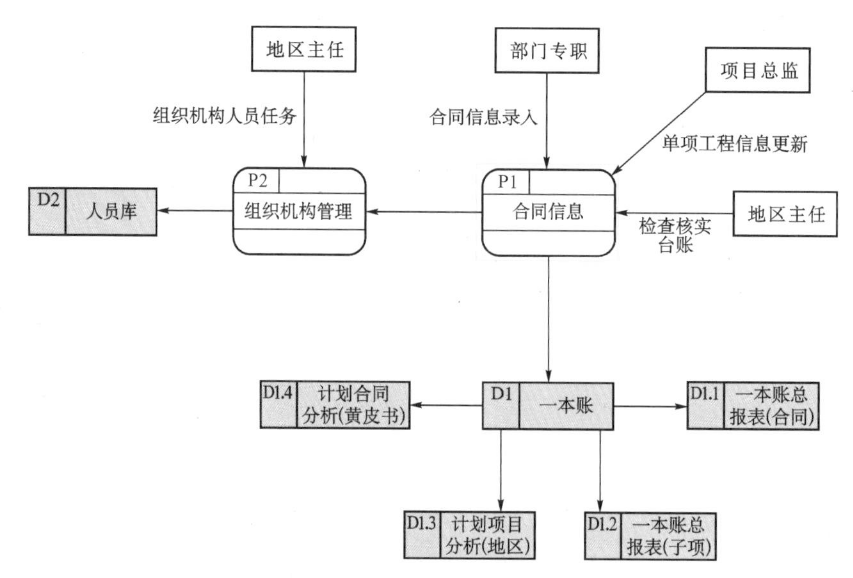

图 5 - 3　合同信息录入数据流图

（注：P1 为可追溯单元）

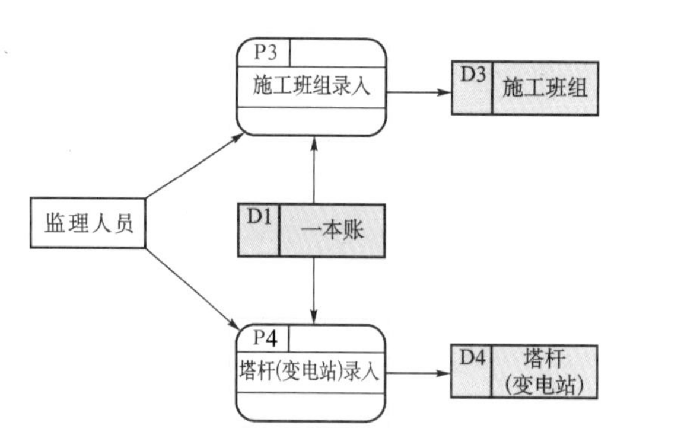

图 5 - 4　塔杆(变电站)、施工班组录入数据流图

（注：P3、P4 为可追溯单元）

5.4.2　风险管理

在风险管理模块下，有九个子项，分别是风险计划、风险周报、安全旁站记录、基础信息、风险日计划（本部）、风险周计划（本部）、风险汇总分析（本部）、风险日计划（项目）、风险周计划（项目）。

对风险管理模块的内部追溯是指对实施中的风险及安全旁站进行跟踪记录。风险计划、风险周报、安全旁站记录对应三个可追溯单元。只要进行风险计划填报，就会在数量上产生一个新的同类可追溯单元。对其他类可追溯单元也是相同机制，需要时可进行正向跟踪及逆向溯源（如图 5 - 5）。

具体可以追溯的信息如表 5-2。

表 5-2 风险管理模块的可追溯信息

可追溯单元	具体可追溯信息
P5 风险计划	项目名称、风险名称、工序、风险分类、风险状态、风险等级、施工范围、计划开始及结束时间、项目总监、总监联系电话、计划到岗监理、暂停至(日期)、风险变更说明
P7 风险周报	制单时间、项目名称、项目总监、联系人及联系电话、周报填录类型、对应计划实施周、风险周计划记录、超期风险、周期外风险、所有未结束风险
P8 安全旁站记录	天气、项目名称、正常填录/补录、风险名称、工序、风险等级、编号、图片、施工范围、施工地点、旁站监理的部位或工序、旁站监理开始及结束时间、施工情况、监理情况、发现问题、处理意见、处理结果、旁站监理人员、项目监理机构、填报日期、风险计划开始及结束日期、风险状态变更及说明信息

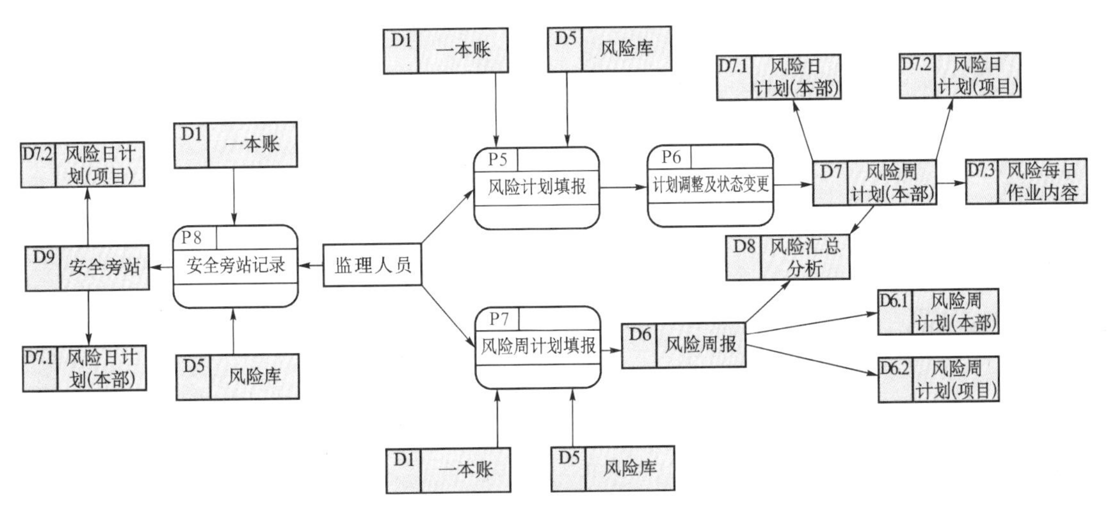

图 5-5 风险管理模块数据流图

(注:P5、P7、P8 为可追溯单元)

5.4.3 考勤管理

在考勤管理模块下,有十二个子项,分别是考勤打卡、请/休假申请、请假修改申请、请假撤销申请、出差申请、出差申请修改、出差申请评论、补卡申请、地区住宿申请、今日考勤看板、补卡看板、住宿申请看板。

对考勤管理模块的内部追溯是指对监理人员的出勤、出差、请休假等进行跟踪记录。考勤打卡、请/休假申请、出差申请、补卡申请、地区住宿申请对应五类可追溯单元。只要进行考勤打卡,就会在数量上产生一个新的同类可追溯单元,最后汇总至考勤看板中。其他类可追溯单元也是同样机制,需要时可进行正向跟踪及逆向溯源(如图 5-6)。

具体可以追溯的信息如表 5-3。

表 5-3 考勤管理模块的可追溯信息

可追溯单元	具体可追溯信息
P9 考勤打卡	打卡时间、打卡定位、打卡结果、附件、打卡异常说明
P10 请/休假申请	申请人、人员角色、申请人联系方式、请假类型、计划开始及结束日期、请假天数、是否出境、申请人签字、情况说明
P11 出差申请	出差申请流水号、申请时间、申请人、所属部门、申请人联系方式、人员角色、计划开始及结束日期、出差天数、出行方式、单程/往返、是否出省、出差目的地、附件、申请人签字、出差说明
P12 补卡申请	申请时间、申请人、所属部门、当月已补卡天数、补卡详情、本次申请补卡天数、总监、补卡说明
P13 地区住宿申请	申请时间、申请人、所属部门、申请人联系方式、住宿开始及结束日期、住宿天数、附件、申请人签字、说明

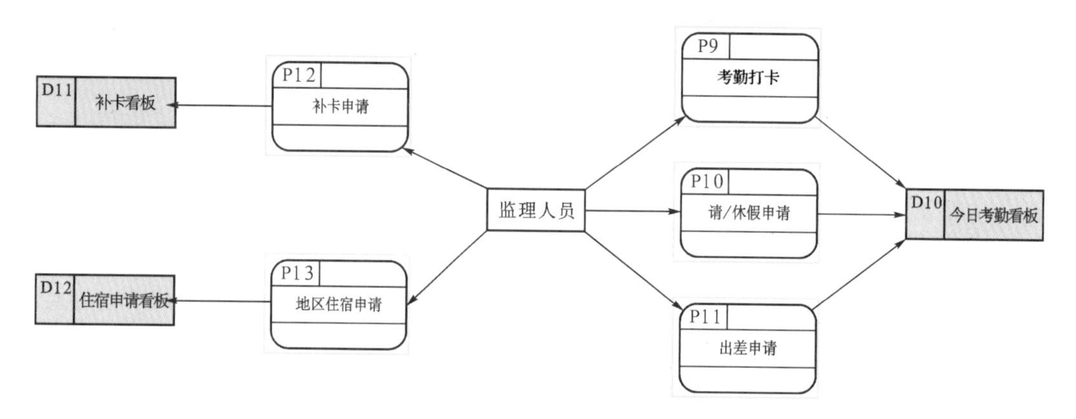

图 5-6 考勤管理模块数据流图

（注：P9、P10、P11、P12、P13 为可追溯单元）

5.4.4 问题管理

在问题管理模块下，有两个子项，分别是问题台账与问题分析。

对问题管理模块的内部追溯是指对发现的各层级问题进行跟踪记录。问题台账对应一类可追溯单元，进行录入问题时，就会在数量上产生新的同类可追溯单元，汇总至问题分析中。需要时可以正向跟踪或逆向溯源（如图 5-7）。

具体可以追溯的信息如表 5-4。

表 5-4 问题管理模块的可追溯信息

可追溯单元	具体可追溯信息
P14 问题台账	是否闭环、是否需要上级关注、问题发现时间（检查时间）、问题所属地区、项目名称、合同编号、合同名称、项目总监、问题描述、问题描述图片、问题描述附件、检查人、整改责任人、问题大类、问题说明、问题类型、问题层级

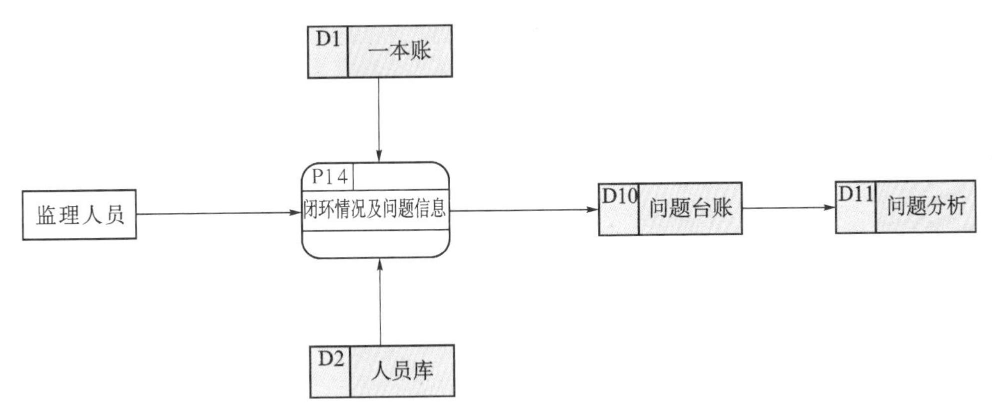

图 5-7　问题管理模块数据流图

(注:P14 为可追溯单元)

5.4.5　任务管理

在任务管理模块下,共九个子项,分别是工作计划(输变电)、工作计划(非输变电)、无项目人员工作计划、总监任务交办、到岗打卡及现场记录、任务下发/事项反馈、基础信息、项目工作计划(输变电)、区域工作计划(非输变电)。

对任务管理模块的内部追溯是指对任务下发、任务交办与任务执行情况进行跟踪记录。工作计划(输变电)、工作计划新增(个人)、工作计划(非输变电)、工作计划新增(非输变电个人)、工作计划新增(总监)、总监任务交办、工作计划新增(区域负责人)、到岗打卡及现场记录、任务下发/事项反馈、无项目人员工作计划对应十类可追溯单元。只要提报工作计划,就会在数量上产生一个新的同类可追溯单元,对其他类可追溯单元也是相同机制(图 5-8,图 5-9)。

具体可以追溯的信息如表 5-5。

表 5-5　任务管理模块的可追溯信息

可追溯单元	具体可追溯信息
P15 工作计划(输变电)	项目名称、计划日期、是否有现场工作、项目类型、作业计划、项目详情、项目风险台账
P16 工作计划新增(个人)	项目名称、计划日期、是否有现场作业、作业计划、项目详情、辅助区域
P17 工作计划(非输变电)	计划日期、区域、区域负责人、是否有现场工作、项目类型、作业计划
P18 工作计划新增(非输变电个人)	计划日期、是否有现场作业、项目类型、项目作业、监理工作安排(零星作业)、区域、区域负责人

续表 5-5

可追溯单元	具体可追溯信息
P19 工作计划新增（总监）	项目名称、计划日期、是否有现场作业、作业计划、项目详情、辅助区域
P20 总监任务交办	总监交办任务流水号、所属项目部、项目名称、任务日期、责任人、工作内容、图片、附件
P21 工作计划新增（区域负责人）	计划日期、是否有现场工作、项目类型、项目作业、监理工作安排（零星作业）、非输区域、非输责任人
P22 到岗打卡及现场记录	项目类型、项目名称、执行状态、定位、当日作业进展、监理工作情况、风险旁站、安全类、质量类
P23 任务下发/事项反馈	下发对象、下发项目人员（抄送）/下发组织（抄送）、项目名称、任务内容、任务要求、附件、责任人、截止日期
P24 无项目人员工作计划	计划填报人、所属项目部、任务日期、工作内容、图片、附件、选择负责人审核

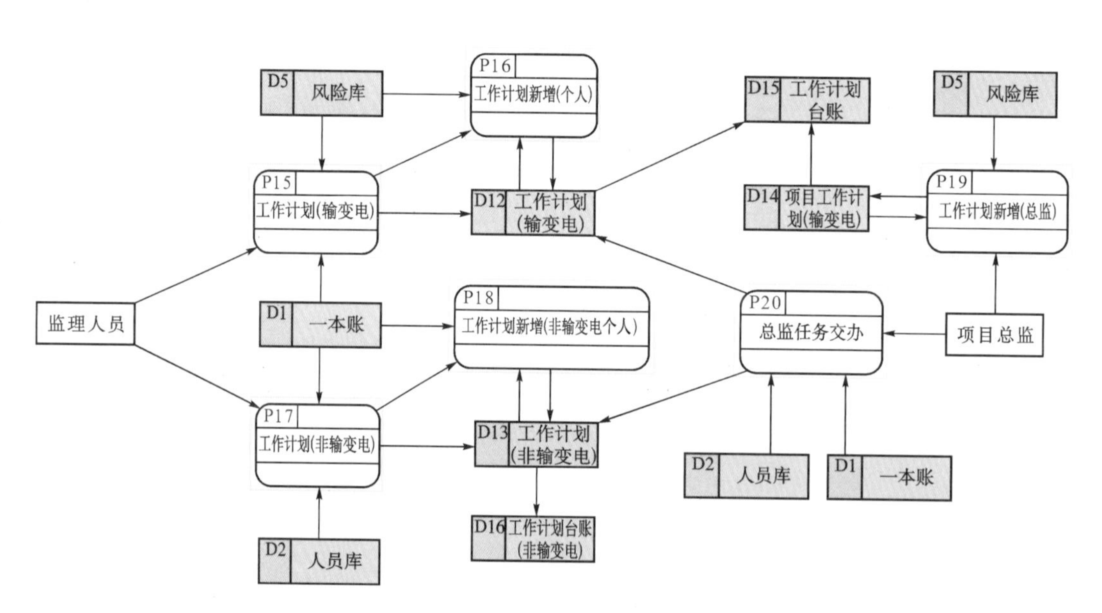

图 5-8　总监任务交办、工作计划(输变电/非输变电)数据流图
（注：P15、P16、P17、P18、P19、P20 为可追溯单元）

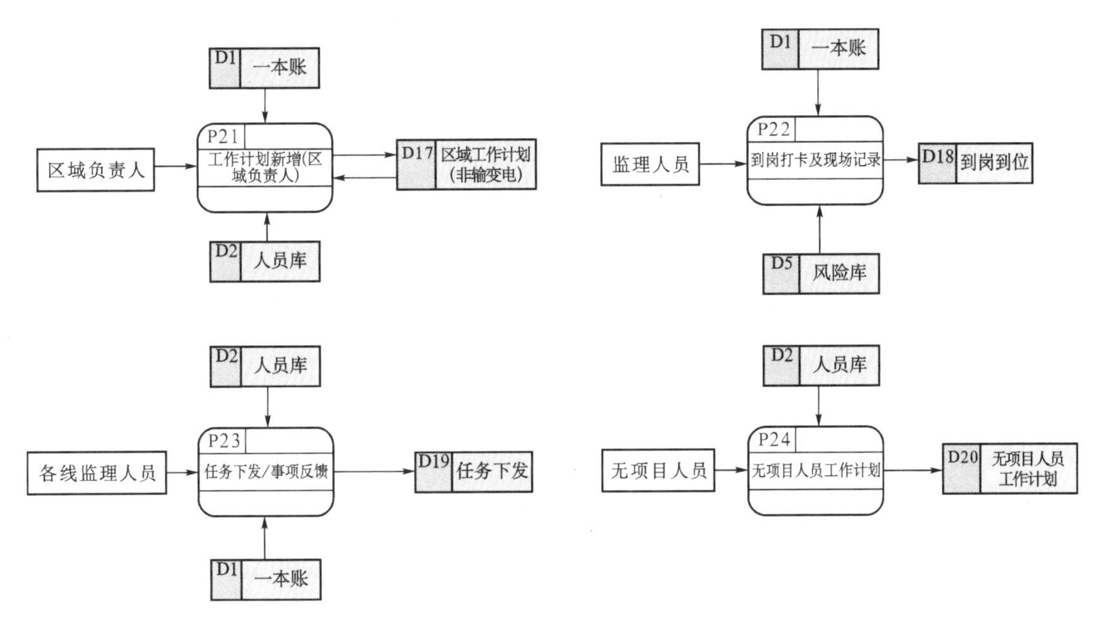

图 5-9　工作计划新增(区域负责人)、到岗打卡及现场记录、任务下发/事项反馈、无项目人员工作计划数据流图

(注:P21、P22、P23、P24 为可追溯单元)

5.4.6 监理日记

在监理日记模块下,有四个子项,分别是监理日记、监理日记(总监)、每日监理到岗履职情况、监理日记分析。

对监理日记模块的内部追溯是指对总监与监理人员的日记进行跟踪记录。监理日记与监理日记(总监)对应两类可追溯单元,只要监理人员填写监理日记,或总监填写监理日记(总监),就会在数量上产生一个新的同类可追溯单元,最后汇总至监理日记分析中,需要时可进行正向跟踪或逆向溯源(如图 5-10)。

具体可以追溯的信息如表 5-6。

表 5-6　监理日记模块的可追溯信息

可追溯单元	具体可追溯信息
P25 监理日记	填报人、所属部门、日记日期、填报时间、日记填录状态、天气/气温、项目类型、项目名称、工作详情记录信息
P26 监理日记(总监)	日记日期、日记填录状态、天气/气温、项目类型、项目名称、工作详情记录、任务管理、到岗打卡及现场记录、旁站记录、今日是否发现问题、关键人员动态管理跟踪、施工机具(检测器具)、原材料及试验跟踪管理、文件审查情况、验收情况

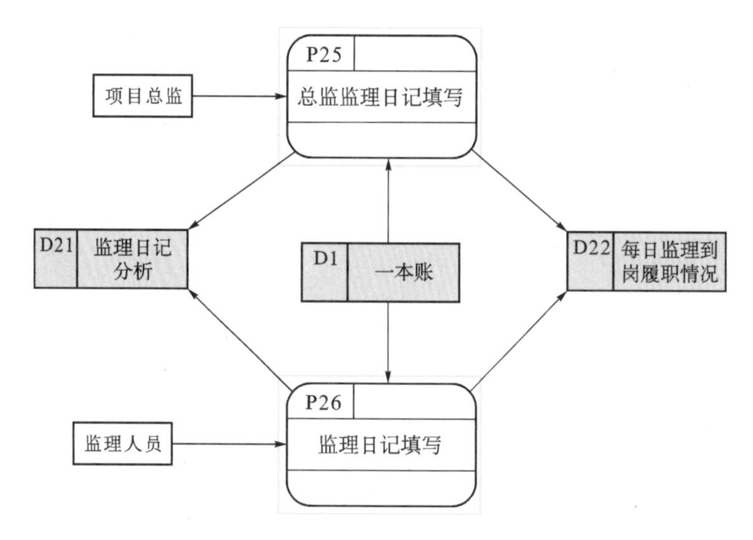

图 5－10　监理日记模块数据流图

（注：P25、P26 为可追溯单元）

5.4.7　人员管理

在人员管理模块下，有四个子项，分别是人员库、人员承载力分析、人员基础档案、非输变电区域信息（非输变电）。此模块全面展示公司人员数量及分布状况、人员任职资格、当前人员项目归属及人员兼职情况。一是通过智能筛选预测人员结构、项目兼任情况及企业承载力分析；二是通过人员筛选分析有效判断监理人员产值完成情况及监理人员解决问题能力评价。

5.4.8　计划/进度管理

在计划/进度管理模块下，有三个子项，分别是项目产值计划制定、项目实际产值进度填报和产值分析。

对计划/进度管理模块的内部追溯是指对项目的产值计划制定和实际进度填报进行跟踪记录。项目产值计划制定和实际产值进度填报对应两类可追溯单元。只要进行项目产值计划填报，就会在数量上产生一个新的同类可追溯单元，但是可追溯单元的类别不会增加。对项目产值计划填报也是相同机制。最后所有可追溯单元汇总在产值分析中，当出现问题时，可以进行正向跟踪或逆向溯源（如图 5－11）。

具体可以追溯的信息如表 5－7。

表 5－7　计划/进度管理模块的可追溯信息

可追溯单元	具体可追溯信息
P27 项目产值计划制定	填报人、填报人所属部门、填报时间、合同名称、电网建设项目名称、合同编号、今年计划是否已报、所属地区、产值计划年份、合同总额、产值年度计划、合同相关信息、合同概况、合同层面计划
P28 项目实际产值进度填报	合同名称、合同流水号、合同编号、合同总额、进度月份、当月进度实际情况

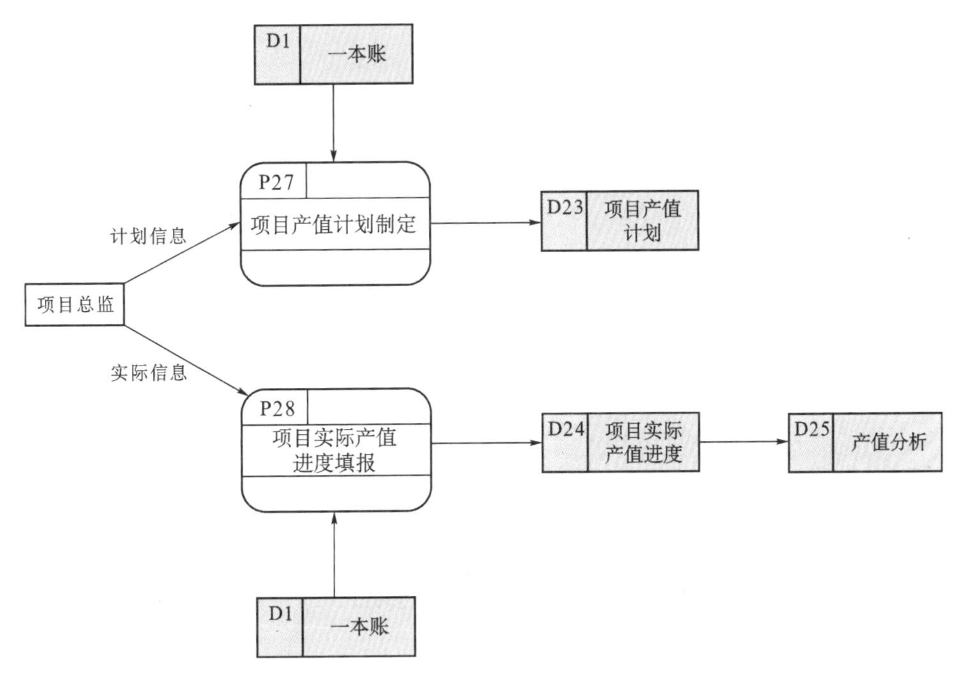

图 5－11　计划/进度管理模块数据流图

（注：P27、P28 为可追溯单元）

5.4.9　造价管理

在造价管理模块下，有三个子项，分别是设计变更/现场签证、设计变更/现场签证（打印）、造价管理看板。对造价管理模块的内部追溯是指对项目的设计变更或现场签证进行跟踪记录。设计变更/现场签证对应一类“可追溯单元”。只要进行设计变更或现场签证，就会在数量上产生新的同类可追溯单元。最后所有可追溯单元汇总到造价管理看板中，需要时可以正向跟踪或逆向溯源（如图 5－12）。

具体可以追溯的信息如表 5－8。

表 5-8 造价管理模块的可追溯信息

可追溯单元	具体可追溯信息
P29 设计变更/现场签证	项目名称、施工项目部、类别(设计变更/现场签证)、变更或签证项目、审批单编号、批准日期、金额、验收情况、其他需说明事项、附件

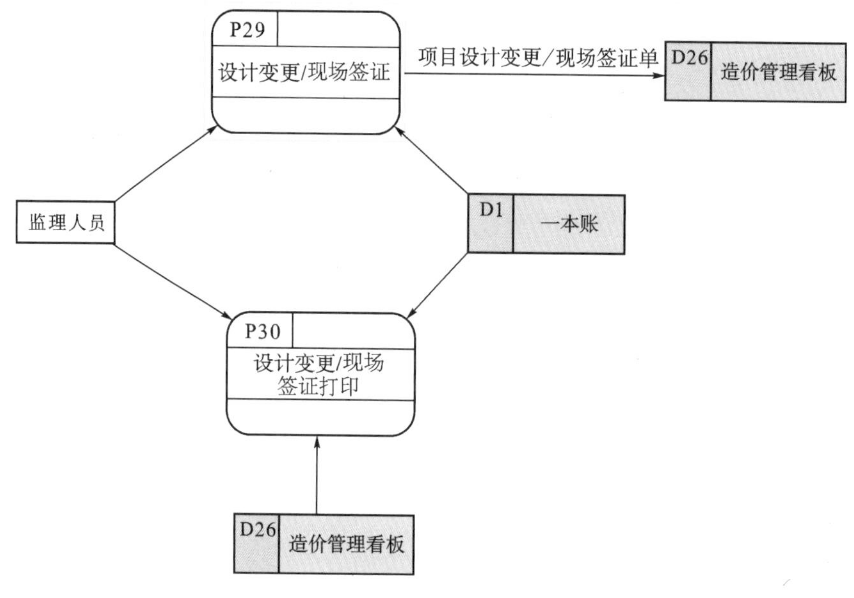

图 5-12 造价管理模块数据流图
(注:P29 为可追溯单元)

5.4.10 质量管理

在质量管理模块下,有四个子项,分别是质量验评、检测试验、阶段验收、基础信息。对质量管理模块的内部追溯是指对质量验评、检测试验、阶段验收进行跟踪记录。

1) 质量验评

在质量验评下,项目验评划分、土建—质量验评、电气—质量验评、架空线路—质量验评、电缆线路—质量验评分别对应五类可追溯单元。如图 5-13,只要进行项目的验评划分,就会在数量上产生新的同类可追溯单元。进行各类质量验评时也是相同机制。最后所有可追溯单元汇总至相应的质量验评看板中,需要时可以正向跟踪或逆向溯源。

具体可以追溯的信息如表 5-9。

表 5－9 质量验评子模块的可追溯信息

可追溯单元	具体可追溯信息
P31 项目验评划分	项目名称、地区项目部、项目类型、单位工程类型、单位工程名称、子单位工程/分部工程、验评划分、新增多个同类子单位工程、其他信息(项目总监、项目所有人员)
P32 土建—质量验评	项目名称、合同名称、单位工程名称、子单位工程名称、分部工程、子分部工程、分项工程、检验批、检验批部位、检验详情、检验批验收结果、项目信息(地区项目部、项目总监、项目所有人员)
P33 电缆线路—质量验评	项目名称、合同名称、单位工程名称、子单位工程名称、分部工程、子分部工程、分项工程、检验批、检验批部位、检验详情、检验批验收结果、项目信息(地区项目部、项目总监、项目所有人员)
P34 电气—质量验评	项目名称、合同名称、单位工程名称、分部工程名称、分项工程、检验部位、检验详情、检验部位验收结果、项目信息(地区项目部、项目总监、项目所有人员)
P35 架空线路质量验评	项目名称、合同名称、单位工程名称、分部工程名称、分项工程、检验批、检验批部位、检验详情、检验批验收结果、项目信息(地区项目部、项目总监、项目所有人员)

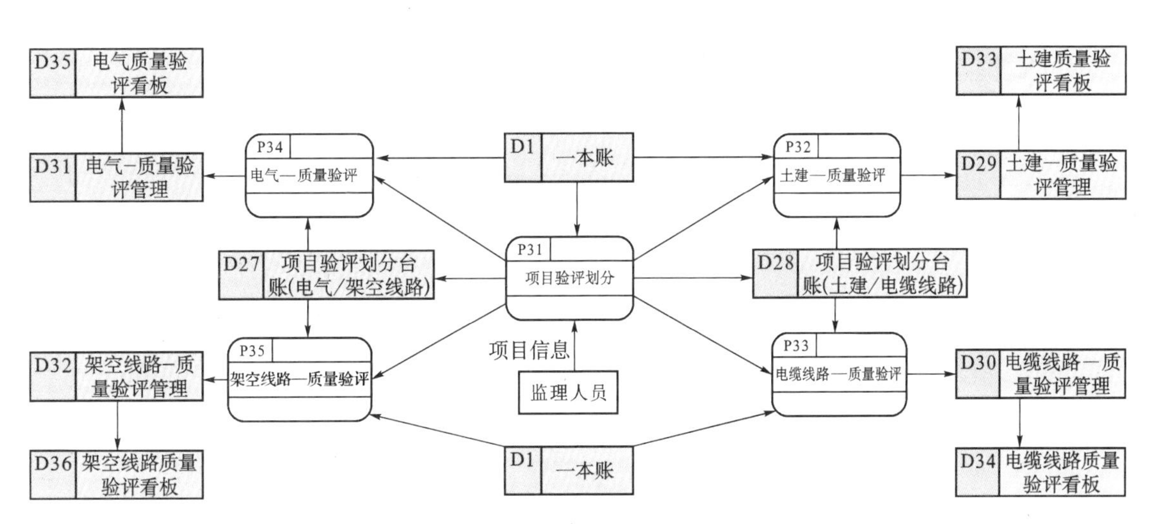

图 5－13 质量验评子模块数据流图

(注：P31、P32、P33、P34、P35 为可追溯单元)

2）检测试验

在检测试验下，检测试验管理—土建/线路和检测试验管理—电气对应两类可追溯单元。如图 5－14，只要进行检测试验，就会在数量上增加同类可追溯单元。最后所有可追溯单元汇总至检测试验看板中，需要时可以正向跟踪或逆向溯源。

具体可以追溯的信息如表 5－10。

表 5-10 检测试验子模块的可追溯信息

可追溯单元	具体可追溯信息
P36 检测试验管理-土建/线路	项目名称、合同名称、地区项目部、项目总监、项目所有人员、材料名称、检测项目、材料规格、进场数量、代表数量、批次、施工部位、见证取样信息、检测试验标准
P37 检测试验管理-电气	项目名称、合同名称、地区项目部、项目总监、项目所有人员、设备名称、送检类型、检验项目、设备规格、见证取样信息、检测试验标准

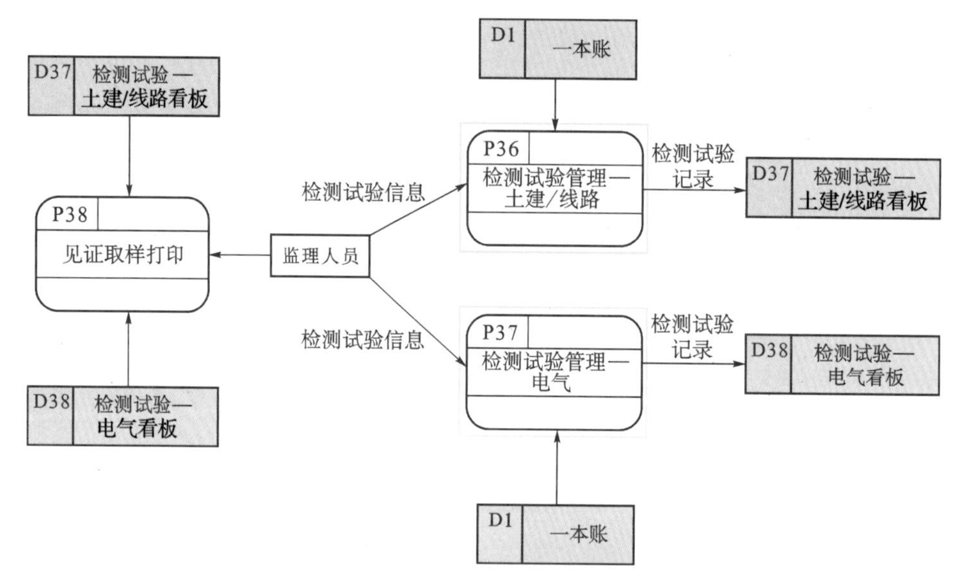

图 5-14 检测试验子模块数据流图
（注：P36、P37 为可追溯单元）

3）阶段验收

在阶段验收下，阶段验收与监理初检报告对应两类可追溯单元。如图 5-15，只要进行阶段验收，就会在数量上增加同类可追溯单元。进行监理初检报告时也是相同机制。最后所有可追溯单元汇总至阶段验收中，需要时可以正向跟踪或逆向溯源。

具体可以追溯的信息如表 5-11。

表 5-11 阶段验收子模块的可追溯信息

可追溯单元	具体可追溯信息
P39 阶段验收（总监）	项目名称、合同名称、项目总监、地区项目部、项目所有人员、验收说明
P40 监理初检报告	监理项目部、检验概况（项目名称、初检依据）、工程概况（项目法人、建设管理单位、设计单位、监理单位、施工单位、运行单位、工程规模概况、单位工程信息）、综合评价（质量体系及实施情况、主要技术资料检查情况、工程重点抽查情况）、附件及检查记录、主要改进意见、结论、验收负责人签字、验收确认时间

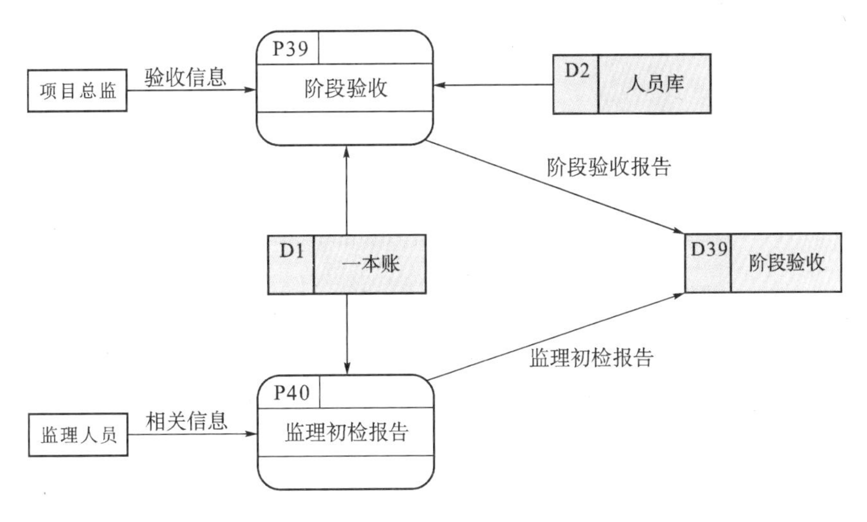

图 5－15　阶段验收子模块数据流图

（注：P39、P40 为可追溯单元）

5.4.11　履职评价

在履职评价模块下，有六个子项，分别是关键人员动态跟踪管理、施工机具（检测器具）动态管理、原材料及试验跟踪管理、施工方案审查、质量旁站记录、验收情况。对履职评价模块的内部追溯是指对关键人员动态管理、施工机具（检测器具）动态管理、原材料及试验跟踪管理、施工方案审查、质量旁站记录及验收情况进行跟踪记录。

关键人员动态管理跟踪、施工机具（检测器具）动态管理、原材料及试验跟踪管理、施工方案审查、质量旁站记录、验收情况对应六类可追溯单元。只要对关键人员进行动态管理跟踪，在数量上就会增加新的同类可追溯单元。进行其他子项时也是相同机制。最后汇总到相应的台账中，需要时进行正向跟踪或逆向溯源（如图 5－16）。

具体可以追溯的信息如表 5－12。

表 5－12　履职评价模块的可追溯信息

可追溯单元	具体可追溯信息
P41 关键人员动态管理跟踪	填写人员、项目名称、人员姓名、人员类别、岗位/工种、证书编号、证书有效期截止时间、报审时间、审核人、审查时间、网上核实结果、备注信息
P42 施工机具（检测器具）动态管理	填报人员、项目名称、机械类别、施工机械名称、规格型号、数量、维修/保养时间、报审时间、审核人、审查时间、有效期时间、备注信息
P43 原材料及试验跟踪管理	填写人员、项目名称、材料名称、材料规格、进场时间、进场数量、计量单位、检测项目、见证项目、见证人、取样人、取样日期、报告编号、报告结论
P44 施工方案审查	填写人员、项目名称、施工方案名称、方案类型、报审时间、监理审批时间、审批人、文件审查记录编号、专家论证情况、是否编制监理细则并审批、监理细则审批时间

续表 5-12

可追溯单元	具体可追溯信息
P45 质量旁站记录	填报日期、填写人员、项目名称、施工部位、旁站内容、记录时间、旁站人员、现场旁站及检查照片、旁站记录表、所属部门
P46 验收情况	填写人员、项目名称、验收部位、验收情况、验收照片、验收结论、验收时间、验收人

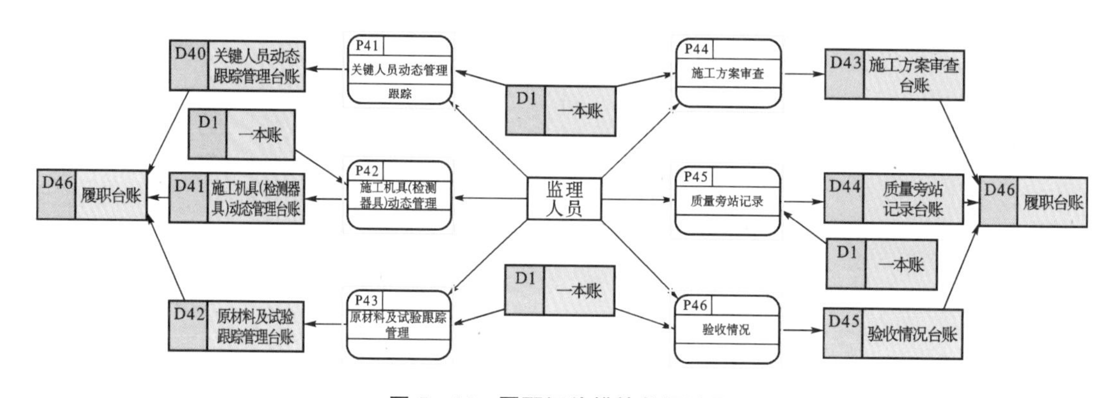

图 5-16 履职评价模块数据流图

(注:P41、P42、P43、P44、P45、P46 为可追溯单元)

5.4.12 非输变电管理

在非输变电管理模块下,包含以下子项,分别是非输配电—组织机构、专项技改、配网、农网、居配、充换电站、用户、项目年度进度计划制定、项目实际进度填报、安全旁站记录(非输变电)、配网子项、农网子项、子项录入申请、技改周计划、配农网周计划、非输变电总报表(合同)、非输变电总报表(子项)、产值分析。

对非输变电管理模块的内部追溯是指对子项录入、专项技改、配网、农网、居配、充换电站、用户、项目年度进度计划、项目实际进度和安全旁站记录进行跟踪记录。

专项技改、配网、农网、居配、充换电站、用户、配网子项录入、农网子项录入、子项录入申请、项目年度进度计划制定、项目实际进度填报、安全旁站记录(非输变电)对应十二类可追溯单元。如图 5-17～图 5-19,只要进行子项录入,就会在数量上增加一个同类可追溯单元,最后汇总至非输变电总报表(子项)中。进行其他类可追溯单元时也是相同机制,需要时可以正向跟踪或逆向溯源。

具体可以追溯的信息如表 5-13。

表 5－13 非输变电管理模块的可追溯信息

可追溯单元	具体可追溯信息
P47 专项技改	合同编号、合同名称、合同额、所属项目部、工程类型、合同年份、实际负责人、工程概况信息(合同工程状态、建设管理单位、地区、计划开始及投运日期、实际开工及投运日期、相关备注)、组织机构人员信息(组织机构、总监理工程师、总监理工程师代表、专业监理工程师、安全监理工程师、造价工程师、监理员、信息资料员、组织机构人员备注)
P48 配网	合同编号、合同名称、合同额、所属项目部、工程类型、合同年份、合同概况、组织机构人员
P49 农网	合同编号、合同名称、合同额、所属项目部、工程类型、合同年份、合同概况、组织机构人员
P50 居配	合同编号、合同名称、合同额、所属项目部、工程类型、合同年份、工程概况、组织机构人员
P51 充换电站	合同编号、合同名称、合同额、所属项目部、工程类型、合同年份、工程概况、组织机构人员
P52 用户	合同编号、合同名称、合同额、所属项目部、工程类型、合同年份、工程概况、组织机构人员
P53 配网子项录入	所属项目部、合同编号、合同名称、合同额、工程类型、实际负责人、合同年份、子项目信息
P54 农网子项录入	合同编号、合同名称、合同额、所属项目部、工程类型、实际负责人、子项目信息
P55 子项录入申请	按模板填写后上传附件
P56 项目年度进度计划制定	填报人、填报人所属部门、填报时间、计划年度、工程类型、合同及编号、合同额、年初进度及产值信息、各月进度及产值信息、年中计划进度与产值、全年计划进度与产值
P57 项目实际进度填报	填报人、填报人所属部门、填报时间、填报年度、工程类型、合同及编号、合同额、年初进度及产值信息、年月、本月计划与实际进度、上月进度、本月进度是否大于上月进度、本月实际产值、今年累计完成产值、历史累计完成产值
P58 安全旁站记录(非输变电)	填报时间、合同名称、项目名称、合同编号、编号、天气、施工地点、旁站监理的部位或工序、旁站监理开始及结束时间、施工情况、监理情况、发现问题、处理意见、处理结果、项目监理机构、旁站监理人员、图片

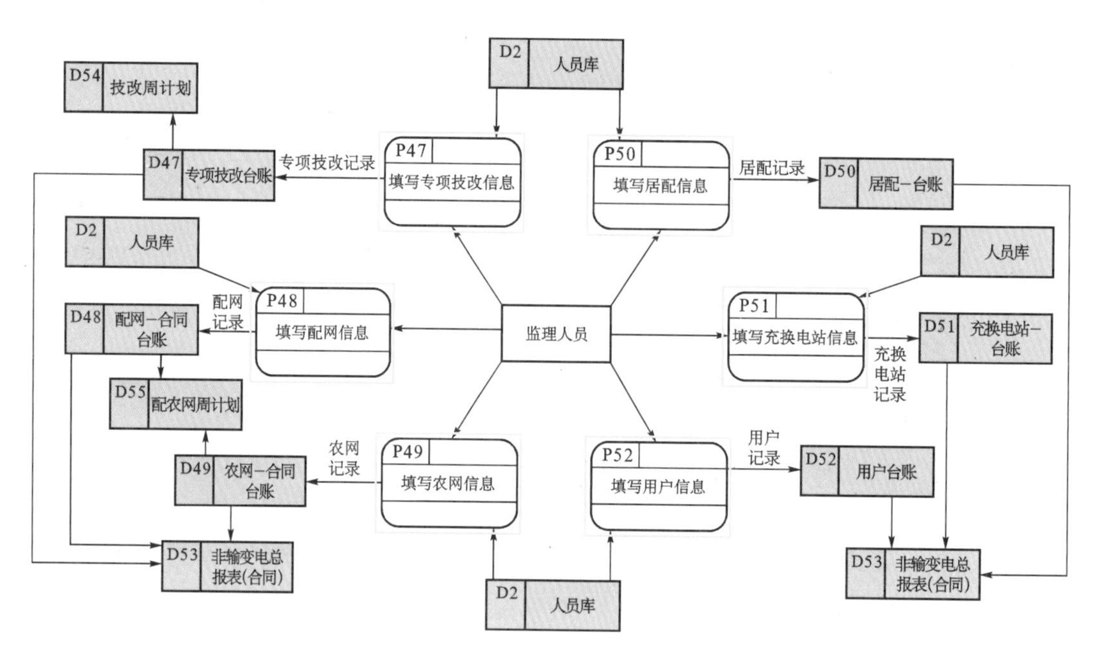

图 5－17　专项技改、配网、农网、居配、充换电站、用户数据流图

（注:P47、P48、P49、P50、P51、P52 为可追溯单元）

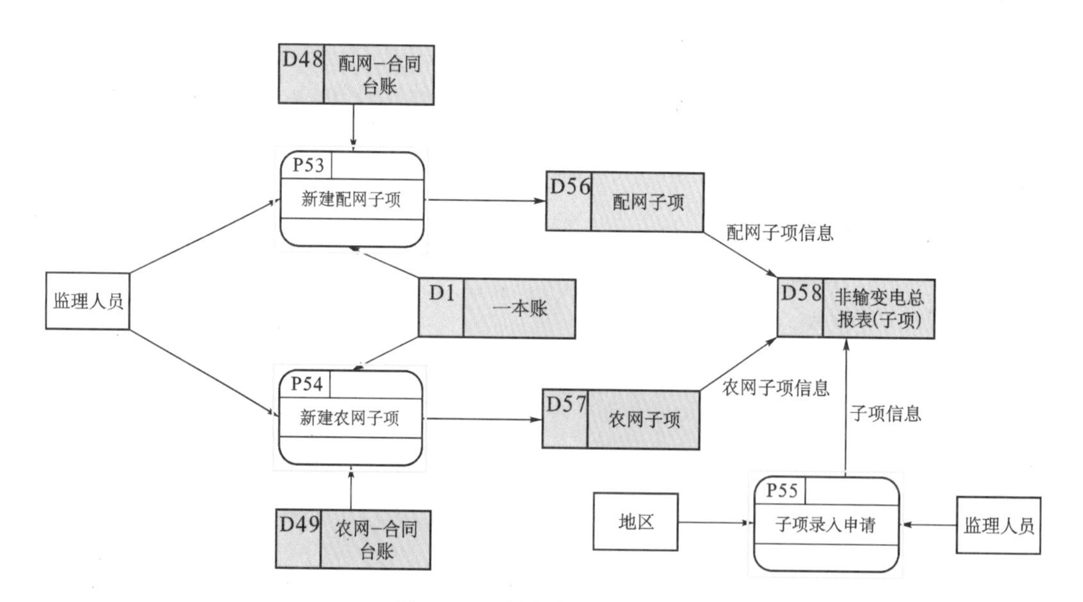

图 5－18　子项录入数据流图

（注:P53、P54、P55 为可追溯单元）

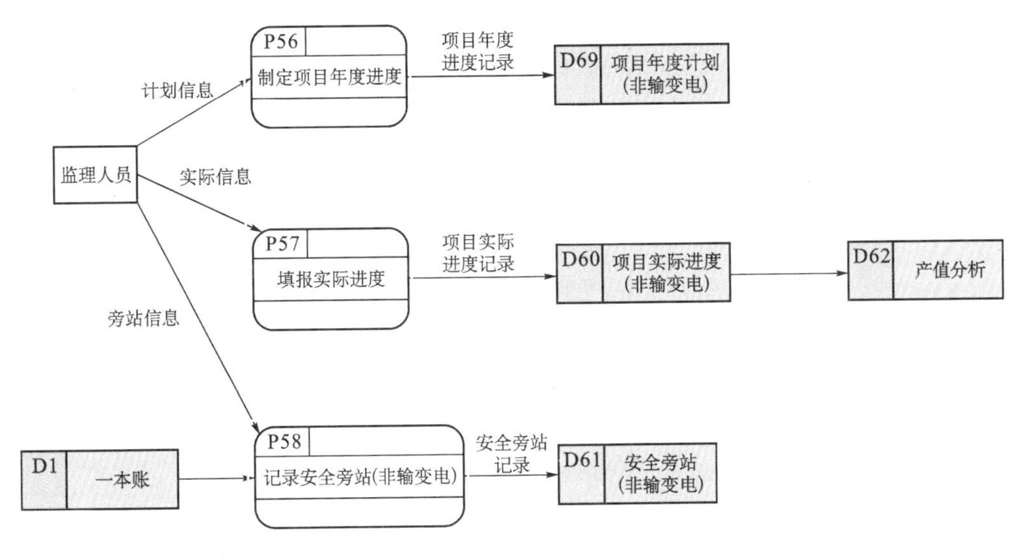

图 5-19　项目年度计划制定、实际进度填报、安全旁站记录(非输变电)数据流图

(注:P56、P57、P58 为可追溯单元)

5.4.13　知识库

在知识库模块下,有三个子项,分别是质量管理库、受控文件库和安全管理库。此模块主要作用为:将规程规范、制度标准、监理文件包等技术支撑文件上传至平台知识库,供一线监理人员查阅;梳理总结各专业技术要点、典型案例、各类工程/各道工序管控重点、工作心得体会,并进行系统整合、梳理,通过平台渗透至各个工作环节,将"死数据"变为"活资产",促进监理队伍综合能力可持续提升。

5.4.14　工作一览

工作一览模块是对数字监理平台内所有信息的汇总分析。

6 电力工程数字监理平台技术架构

6.1 平台设计思路

平台设计思路见图 6-1～图 6-10。

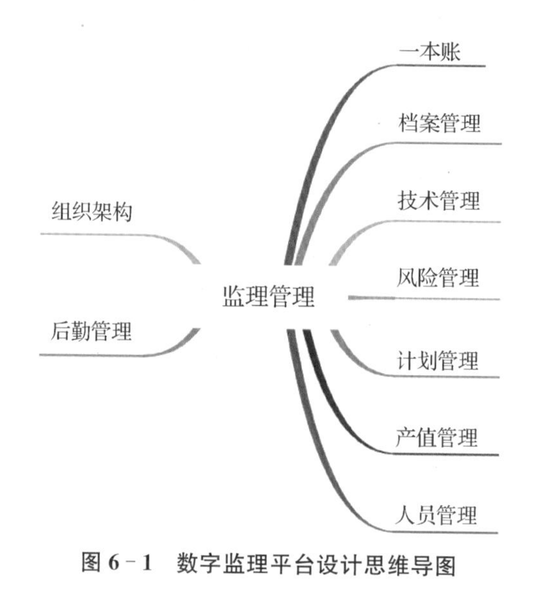

图 6-1 数字监理平台设计思维导图

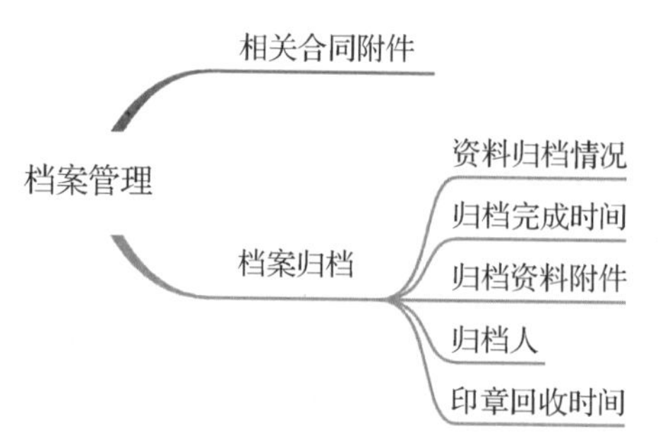

图 6-2 档案管理设计思维导图

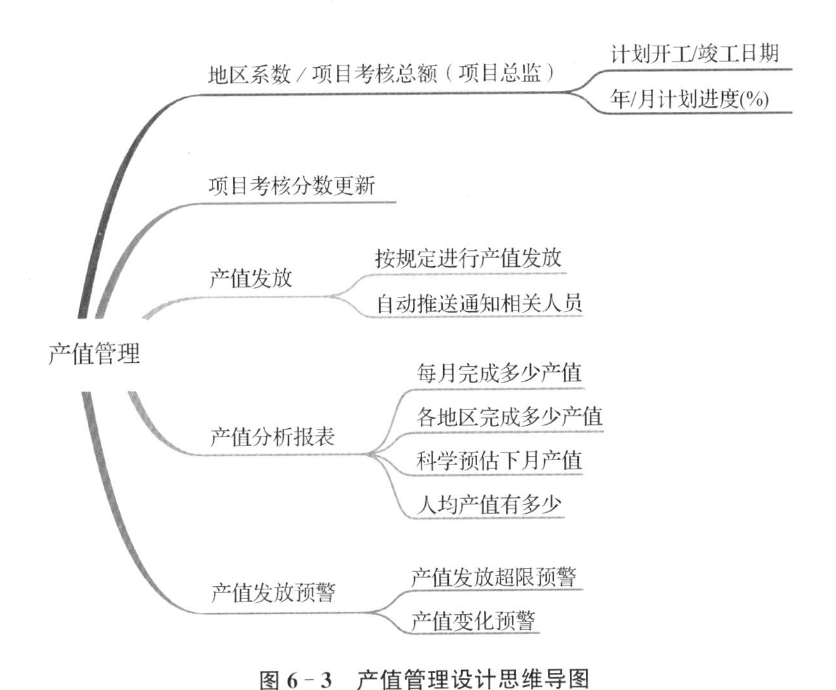

图 6－3　产值管理设计思维导图

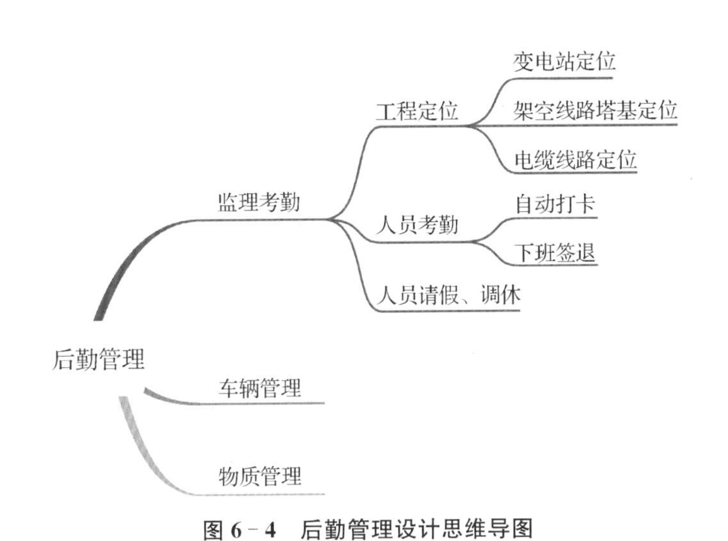

图 6－4　后勤管理设计思维导图

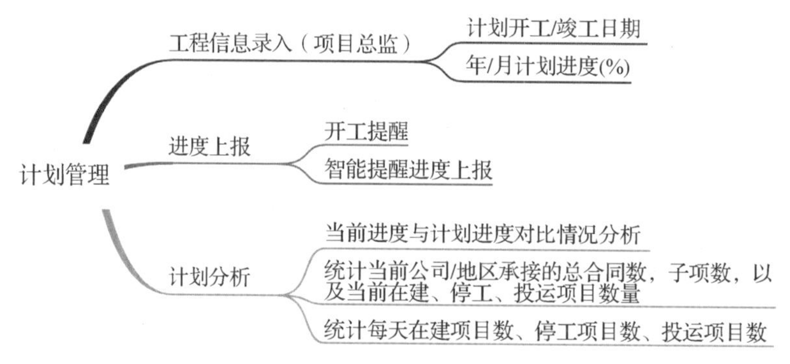

图 6－5　计划管理设计思维导图

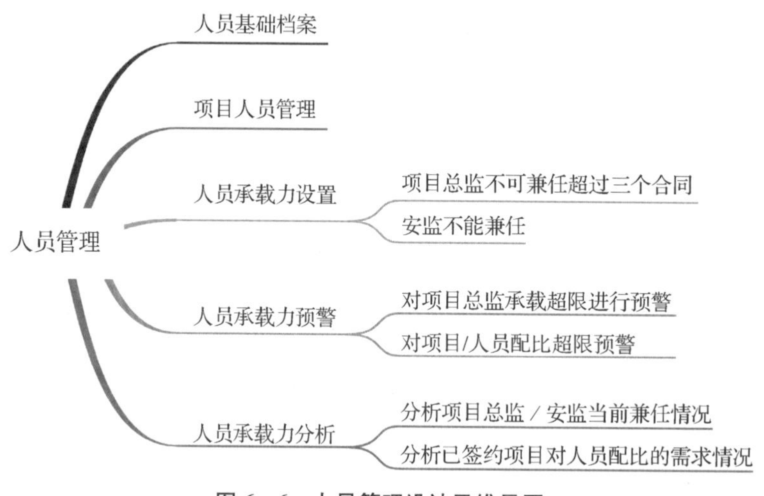

图 6－6　人员管理设计思维导图

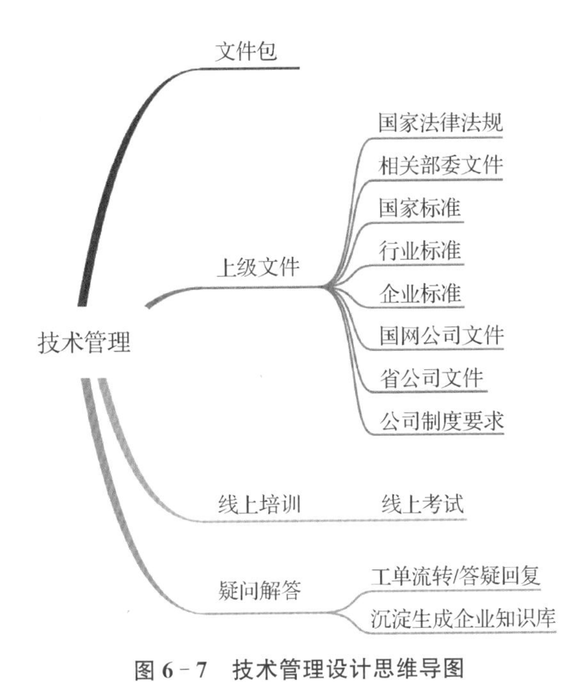

图 6-7　技术管理设计思维导图

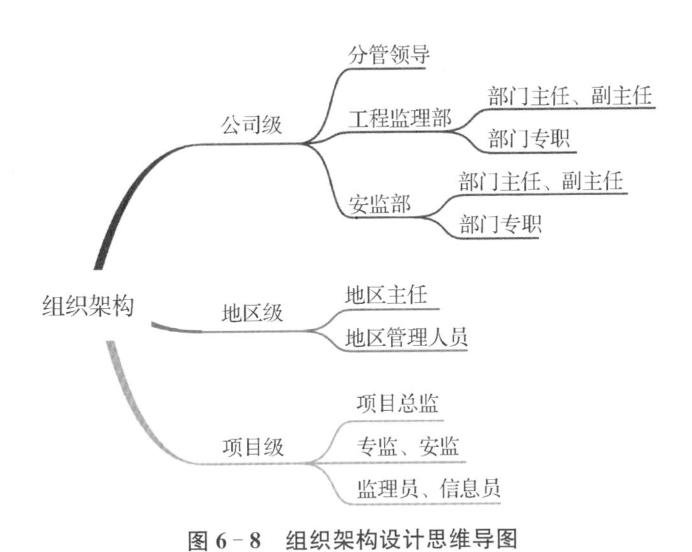

图 6-8　组织架构设计思维导图

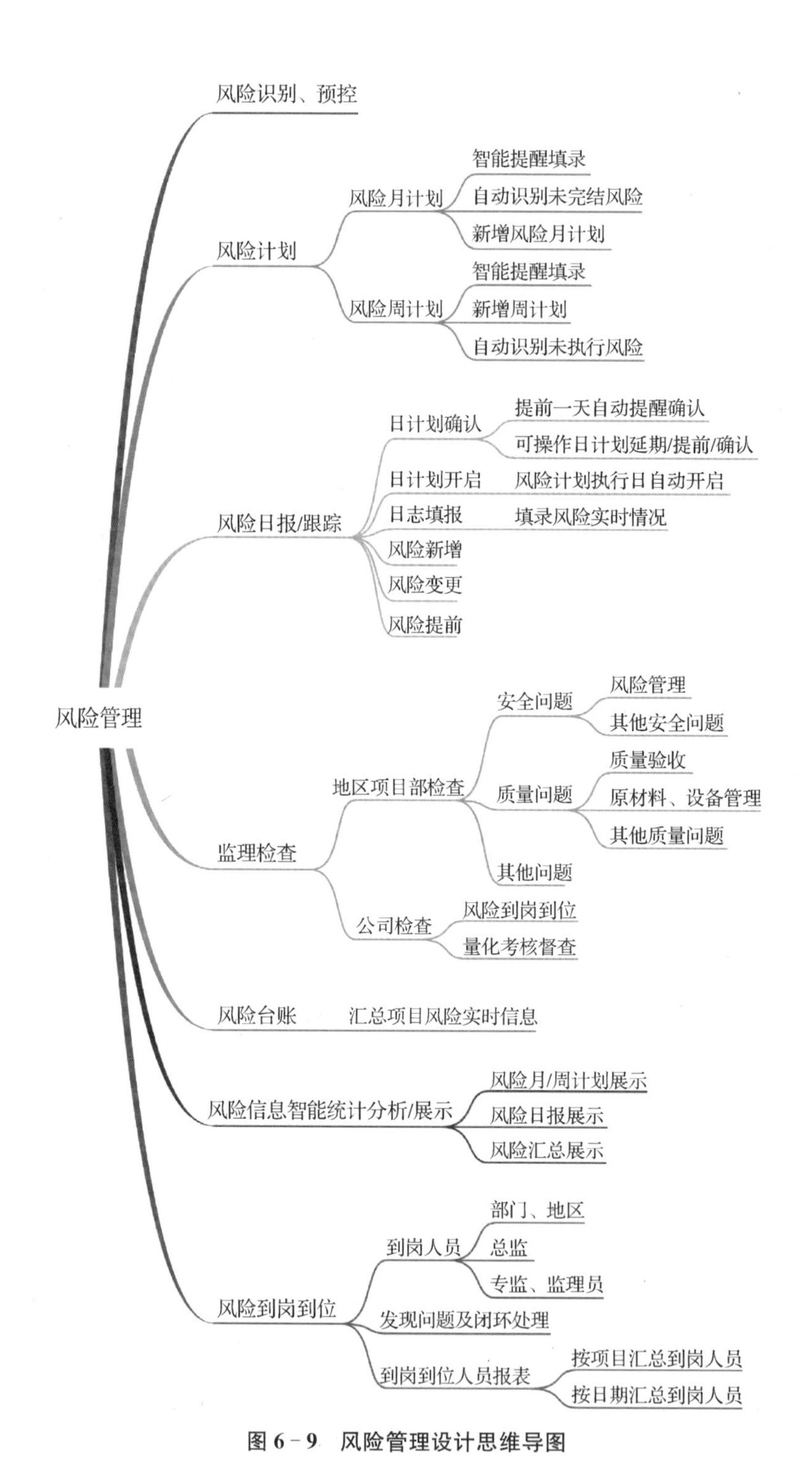

图 6－9　风险管理设计思维导图

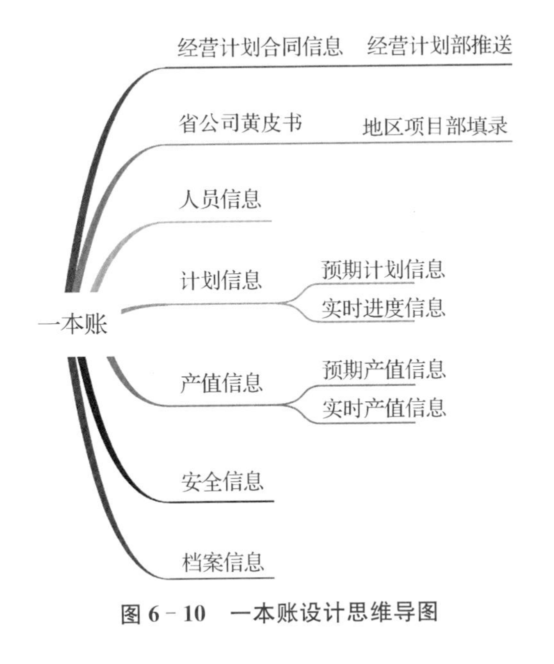

图 6-10　一本账设计思维导图

6.2　非功能需求

6.2.1　稳定性要求

不考虑网络中断因素和系统计划维护情况，系统应该 7×24 小时不间断运行。系统在用户错误操作的情况下应该不造成大量数据意外丢失或错误。

6.2.2　界面要求

系统采用 B/S 结构，提供符合浏览器(Chrome)风格标准的用户界面，符合以下特性：

(1) 用户界面具有一致的风格，便于用户学习和使用，熟悉计算机使用的一般用户应该可以在 2 个工作日内学会基本操作；

(2) 用户界面具有丰富的菜单导航功能，方便用户访问不同的系统功能或者从一个功能界面调用另外的功能界面；

(3) 用户界面具有完善的数据有效性检查功能，当用户输入的数据不符合要求时，要给用户明确的提示；

(4) 当系统出现错误或用户操作错误时，系统应该提供友好而明确的提示信息；

(5) 用户界面的分辨率在屏幕分辨率为 1 920×1 080 时显示效果最佳，界面在屏幕分辨率为 1 440×900、1 280×800 时系统应该能够正常使用。

6.2.3 性能要求

1）用户数限制

系统允许的同时在线用户数介于300～500人之间，在500人用户同时在线的情况下系统响应速度与单用户情况下系统响应速度相比无明显下降。

2）系统响应时间

在100 M局域网环境下，单个用户操作时，90％以上界面的加载时间小于5 s，90％以上功能的操作响应时间小于5 s，特别复杂功能的响应时间小于30 s。

在100 M局域网环境下，达到最大在线用户数时，90％以上界面的加载时间小于15 s，90％以上功能的操作响应时间小于15 s，特别复杂功能的响应时间小于60 s。

3）事务处理响应时间

在100 M局域网环境下，单个用户操作时，系统80％的事务处理应该可以在5 s内完成。特别复杂的事务或者传输大量数据的功能，应该采用异步的方式处理。

在100 M局域网环境下，达到最大在线用户数时，系统80％的事务处理应该可以在20 s内完成。特别复杂的事务或者传输大量数据的功能，应该采用异步的方式处理。

6.2.4 易用性要求

1）系统更新

系统属于B/S架构，系统更新仅需在服务器上统一进行，客户端只需要安装浏览器(Chrome 50及以上版本)，不用关心程序更新。

2）易于使用

所有的系统界面具有易于使用的设计，熟悉计算机的人员不需要经过特别的培训就可以使用本系统，界面能够引导用户完成业务功能。

3）用户手册

系统应该提供详细用户手册以指导操作人员使用系统，用户手册应该至少包括系统使用的步骤和关键术语解释。

6.3 安全架构

6.3.1 输入输出验证

对输入信息进行合法性验证，针对数字，日期进行规范性验证，针对文本中＜、＞、'的特殊意思字符应进行转义,系统异常信息提示给用户。

6.3.2 应用交互认证

本系统遵从接口访问控制策略,应用系统之间的接口调用必须采取安全控制措施,防止不经过身份验证和权限控制开放接口调用,避免攻击者伪造调用请求对提供接口的系统进行攻击,导致秘密信息的泄露或压垮提供接口的系统。

本系统与其他应用系统之间收发的各种重要数据、消息的日志都应予以记录,以备审计与核对。

本系统访问其他系统接口按照其系统提供的接口规范直接调用,具体的安全机制由其他系统进行保证。

6.3.3 通信保密性

在通信双方建立连接之前,利用密码技术进行会话初始化验证;使用系统自带加密机制实现系统管理数据、认证信息和重要业务数据存储。

6.3.4 通信完整性

采用校验码、数字摘要等技术以能够检测到管理数据、认证信息和重要业务数据在存储过程中完整性是否受到破坏,并在检测到完整性错误时采取必要的恢复措施。

6.3.5 身份认证

本系统利用钉钉的统一认证服务进行用户管理和身份认证,采用基于用户名、密码的认证方式,当未通过验证的用户试图访问本系统时,利用统一认证服务提供的接口进行用户身份验证,验证未通过的用户不允许访问系统功能和任何资源。已通过身份验证的用户,系统会创建对应的会话(Session)保存用户信息,会话中不允许以明文方式存储用户密码。

6.3.6 数据保密性

保密性(Secrecy),又称机密性,是指个人或团体的信息不为其他不应获得者获得。在电脑中,许多软件包括邮件软件、网络浏览器等,都有保密性相关的设定,用以维护用户资讯的保密性,另外间谍档案或黑客有可能会导致保密性的问题。

针对本系统,主要考虑两个方面的保密性:数据传输的保密性和数据存储的保密性。

6.3.7 数据完整性

本系统采用 https 协议进行访问,保证了数据网络传输的完整性。使用 TOKEN 对请求进行有效性验证,如果请求 SESSION 失效、请求用户 ID 不合法、请求 IP 与用户登录 IP 不一致,系统会拒绝非法请求,从而保证数据的完整性。

6.3.8 数据可用性

采集或输入数据后,必须对输入数据的格式进行验证,以确保其可用性。验证的方式包括:数据格式验证、数据长度验证和数据类型验证等,可考虑采用白名单的方式对数据格式进行验证。同时还需要对采集过来的数据进行会话验证,验证其来源,服务器中不存在的对应的会话数据会被统一拒绝。

6.4 系统功能及特点

6.4.1 权限管理

公司管理人员:可全过程监督流程数据。

地区项目部:可以浏览本地区所有监理业务数据,对相关业务内容进行审批。

监理项目部:完成本专业相关工作内容的填报及本人所属项目数据的查看。

业务管理人员:可实现按业务管理模块划分权限,细化到字段的可见/编辑权限。

6.4.2 基本数据

(1) 人员基础信息档案的维护。

(2) 项目杆塔信息、班组信息等基本数据的录入及维护。

(3) 技术标准、作业规范等文件的录入及维护。

(4) 一本账/非输变电工程等台账的录入及维护。

(5) 知识经验的录入及维护。

6.4.3 地图展示

(1) 利用地图直观展示在建工程所在地,以及是否当日有风险作业,并标记不同的标识。

(2) 通过超链接跳转,可查看项目详细信息及项目作业详情。

(3) 查看项目当日作业详情,标记项目线路实际位置,以及具体作业面上是否有作业,并可查看当日所有到岗人员信息及到岗位置和作业面的比对。

(4) 便捷查看每个人的作业情况,包括个人信息、作业点、到岗时间、到岗图片等信息。

6.4.4 智能报表

(1) 采集一本账/工程台账数据，生成一本账汇总分析报表、产值分析报表、计划开工/投产汇总分析报表。

(2) 根据人员基础信息档案，生成人员库报表、人员承载力分析报表。

(3) 根据风险计划、风险周报、风险日计划确认等功能模块数据，生成风险周报报表、风险日报表、风险汇总分析报表等。

(4) 根据监理日记内容，生成监理日记分析报表，可清晰查看监理日记填写情况以及未填写人员详情等信息。

(5) 根据问题管理模块数据，生成问题汇总分析报表，可查看各分类问题汇总、各地区问题汇总等。

(6) 根据考勤数据，生成全员考勤汇总分析报表。

(7) 根据每月填报产值进度，生成项目产值分析报表，可通过地区、时间、项目、合同、总监、项目类型等多维度汇总分析。

(8) 根据个人工作计划、到岗打卡信息、风险日计划确认等信息，生成驻队监理承载力分析报表，可清晰查看各个地区/项目的驻队监理承载力情况。

6.4.5 考勤打卡

(1) 满足人员日常考勤打卡。

(2) 满足人员请假/调休/销假/出差申请等。

6.4.6 视频通话

可通过钉钉平台进行便捷的视频/语音通话功能。

6.5 技术路线

(1) 所有模块均需要支持在钉钉客户端进行操作及展示。

(2) 支持所有现代浏览器(Chrome、Firefox、Safari、IE>11、Edge 以及各种 webkit 内核浏览器例如 360 浏览器等)。

(3) 支持单行文本、多行文本、数字、日期时间、单选按钮组、复选框组、下拉框、下拉复选框、分割线、地址、明细表单、关联其他表单数据、关联查询其他表单数据、手写签名、流水号、手机验证码、成员单选、成员多选、部门单选、部门多选、文字识别等基本业务控件。

(4) 支持定位业务控件，且定位控件功能需要支持自动定位，可后台设定定位中心点，可后台设定定位微调距离等功能。

(5) 支持图片业务控件，且图片控件需要支持限定只允许手机拍照、添加拍照人/拍照地点/拍照时间的水印、自动压缩图片等功能。

(6) 支持附件业务控件，单个可上传附件大小至少需要支持 180 MB，附件需支持在线预览(需支持可在线预览的文件格式应至少包含以下常见文件格式：jpg，jpeg，png，gif，ogg，mp3，wav，mp4，m4v，webm，doc，docx，xls，xlsx，ppt，pptx，pdf)。

(7) 支持业务控件在 PC 端和移动端的自定义布局。

(8) 支持数据的多级联动(至少四级)，支持逻辑、文本、数学、日期以及其他高级函数等五大类公式。

(9) 支持选项逻辑跳转，对于单选按钮组和下拉框控件，选择不同的选项之后，后续可以显示不同的控件组合，针对不同的选项形成不同的数据分支效果。

(10) 支持拖拽式配置不同数据表之间的自由组合关系(包括：左连接、右连接、内连接、追加合并、分组汇总、过滤筛选等)，最终输出业务系统所需数据集，且输出数据集中数据条数最高上限应不低于 100 万条。

(11) 支持业务功能模块按应用划分，且各应用之间数据可自动调取、关联、查询、修改。

(12) 支持数据协作权限配置，从数据权限、字段权限、操作权限 3 个粒度控制协作权限。

(13) 具有流程引擎相关功能，支持自定义配置流程节点、抄送节点、动态配置流程负责人/抄送人、节点数据提交校验、按条件流转、超时自动流转/提醒/回退，流程主动催办、流程提交触发打印等功能。

(14) 支持父子流程功能，当父流程进行到一部分后，自动根据条件进入子流程，子流程业务处理完毕之后，自动推送回父流程继续执行，直至整个业务完成。

(15) 流程支持多版本控制，流程版本更新之后，已经流转中的流程实例不受影响，依旧根据旧版流转完成。

(16) 支持自定义设定数据提醒，可根据业务表单数据内容中日期业务控件或固定时间，进行消息提醒。

(17) 支持为业务表单进行打印模板自定义，且可为一个业务表单设定多个自定义打印模板，按权限设定打印模板。支持 PC 端和移动端的打印，支持套打。

(18) 支持附件/图片的批量下载，且可配置根据附件/图片所在业务表单中数据字段命名下载的附件/图片。

(19) 系统应支持 API 接口，包含但不限于以下扩展功能：

数据推送接口：系统内业务表单数据有新增/修改/删除的时候，将数据同步推送到第三方系统中进行新增/修改/删除。

业务表单结构接口:系统内业务表单结构新增/修改/删除之后,可将表单结构同步推送到第三方系统中。

消息推送接口:可以将系统中的待办通知、消息通知、抄送通知等消息同步到其他服务器。

通讯录接口:将通讯录通过其他服务器推送到系统内。

(20) 系统支持单点登录:可支持用户在认证中心登录后,同时登录所有与此认证中心关联的服务。至少支持两种单点登录技术实现方式,且必须包含基于 SAML 2 技术的自定义接口的单点登录实现方式。

(21) 支持灵活的前端事件配置功能,可实现在业务数据提交或者业务表单填报时,主动调用外部接口,进一步实现接口取数、数据验证、数据分析、触发事件等复杂多变的应用场景需求。

(22) 系统支持集成钉钉通讯录、钉钉消息通知、钉钉消息待办等。

(23) 业务数据展示报表中,需要支持但不限于指标图、透视表、柱形图、条形图、面积图、折线图、双轴图、雷达图、饼图、地图等图表类型,支持图表联动,数据预警设置,图表辅助线设置,个性化配色方案设置,定时提醒设置等功能。

(24) 地图展示部分,需要支持 JDBC、ODBC、JNDI 等数据连接方式,支持 ORACLE、SYBASE、DB2、MYSQL、SQLSERVER 等主流关系型数据库,支持从 excel、txt、xml 等文件中取数进行报表分析,支持内置数据集,数据直接内建在模板文件里,支持以 Json 格式数据,程序数据集,支持以 XMLA/MDX 规范为基础的多维数据库,包括 SSAS、Essbase、SAP HANA 等的连接取数,支持华为 GaussDB、华为云 DWS、人大金仓、星环、达梦等国产数据库和数据平台(提供相互认证证书)。

(25) 提供异构数据源模型,可以进行多源数据关联,使得同一张报表的数据可以来源于同一数据库的多个不同表,或多个不同数据库;并且在报表中允许对多个数据集进行关联运算。

(26) 支持明细报表、多表头交叉报表、分组报表、主子报表、折叠式报表等中国式复杂报表样式,支持悬浮元素,以悬浮模式显示文本类型、公式类型、图片类型、图表类型等,支持对地图报表添加水印,水印包含用户名、IP、电话号码等。

(27) 支持绝对布局、自适应布局、tab 布局等多种布局方式,支持轮播显示,通过组件与布局的合理搭配,可实现多维度分析驾驶舱;同时,还支持在 PC、平板、手机、大屏等多种终端设备上自适应展现。

(28) 图表提供丰富的动态效果,包括但不限于自动轮播、闪烁动画、监控刷新、数据点自动提示等;包括图表联动(点击图表中数据,其余图表或单元格数据变化),监控刷新(数据库中数据变化时，图表对应实时动态变化并提示变化内容）。

（29）支持多源填报，特别指一个填写表单录入的数据，提交到一个库多个表甚至多个库中，提供全方位的数据校验，包括及时校验、提交校验以及自定义 JS 校验等多种校验方式，确保录入数据的准确性。

7 结　论

从产业方向来看，基于平台进行产业的升级和改造是必然方向。毋庸置疑，平台是最有效的产业升级改造方式之一，电力工程监理行业基于平台进行转型升级已经急不可待。本书的最终目标是构建以建设工地为入口的电力工程数字监理平台，实现电力工程监理行业的入口式、全过程、一体化的在线平台治理模式。利用云计算、大数据、物联网等信息技术，实现数据的全过程可追溯及不可篡改，积极推进电力工程监理行业全产业链信用体系的建设和共享。进而，推进电力工程监理服务进行平台化治理模式的改革，有效提高电力工程监理服务的绩效。最终，高效实现“看工地、查工地、管工地”的战略目标；最后，通过“单项目、多项目、多公司”三步走，促进电力工程监理行业进行真正的转型升级。

1）构建了电力工程数字监理平台的模式

本书以电力工程数字监理平台为对象，构建了以信任机制、信用体系和溯源验证(CVS)系统为核心的平台模式，建立了以云计算、大数据和物联网为基础的平台技术体系，在平台的网络外部性、临界容量、价格结构等理论框架上，规划了电力工程数字监理平台的“单项目、多项目、多公司”的“三步走”发展步骤，为高效实现“看工地、查工地、管工地”的战略目标打下了坚实的理论基础。

2）分析了电力工程数字监理平台的数据流程图

全面地描述平台内数据流程，综合地反映出系统中信息的流动、处理和存储情况。用结构化系统分析方法从数据传递和加工角度出发，用图形方式来表达系统的逻辑功能、数据在系统内部的逻辑流向和逻辑变换过程，为本书后续具体的理论分析和案例分析打下坚实的基础。

3）深入研究了电力工程数字监理平台的信任机制及信用体系

本书研究了电力工程数字监理平台的信任机制(制度信任和技术信任)及信用体系(真实信用体系)，分析了数字监理平台中制度信任与技术信任产生的过程与影响因素，并提出真实信用体系的构建可有效促进管理人员与监理人员信任关系的建立。

本书结合行为意图理论和平台的实际特点构建了一个动态的数字监理平台信任机制模型。在该模型中，真实信用体系使管理人员对数字监理平台的信任逐渐转移至对监理人员的信任，使监理公司内部逐渐建立起稳固的“管理人员—数字监理平台—监理人员”三方互信关系。

起初，管理人员会结合过往经历和当前环境的认知对数字监理平台进行初始判断，这种判断在企业内部需求和过往技术积累的共同作用下转化为对数字监理平台的使用倾向。同时，监理公司内部印发的《工程监理管控平台落地实施方案》《智能化、数据化平台操作手册》等推广性和指导性文件规范了数字监理平台的使用情境，为数字监理平台的顺利运行保驾护航。公司内部推行数字监理平台的良好氛围加深了对数字监理平台的使用倾向，并使管理人员产生对保障平台运行的制度的信任，即数字监理平台制度信任。

之后，通过感知平台实际运行的良好效果，管理人员将加深对平台的信任。这种平台信任实质上源于对数字监理平台技术的认知。本书将数字监理平台的技术分为功能型技术和治理型技术，功能型技术为治理型技术提供工具基础，治理型技术为功能型技术提供规则保障。这两种技术相互影响、相辅相成，促使管理人员产生数字监理平台功能型技术信任和治理型技术信任。

数字监理平台的应用在增强监理人员行为信息完备性的同时实现了履职信息的可追溯，使履职信息变为监理人员的“工作信用”。本书将由数字监理平台输出的监理人员履职信息的集合称为“真实信用体系”。真实信用体系的形成增强了监理人员的可信度，从而促使管理人员产生对监理人员的信任。当这种信任达到一定程度后（信任阈值），管理人员会采取一系列基于信任的管理行为，如将“真实信用体系”作为绩效考核的依据，依托公司考核奖惩手段进行人员优胜劣汰。这些信任行为实施后的良好效果将进一步促进管理人员对数字监理平台的信任。最终，监理公司内部将逐渐建立起稳固的“管理人员—数字监理平台—监理人员”三方互信关系。

4）溯源验证系统下电力工程数字监理平台可追溯性分析

溯源验证系统（CVS）的核心是过程数据与结果数据的可追溯，也就是在可追溯基础上形成“人、材、机、环境”及“项目、公司”的真实信用体系。本书把电力工程数字监理平台可追溯性定义为：通过全部或部分从工程台账到考勤管理、计划/进度管理、风险管理、问题管理、任务管理、监理日记、非输变电管理、造价管理、质量管理、履职评价的工作流程来跟踪监理工作人员及其过往工作历史情况的能力。提出了数字监理平台的“活动”（平台内的各个模块）和“产品”（对应监理工作人员的工作成果）的概念，共同构成平台的可追溯系统。在工作流程的每一个模块内部，都会对监理人员的工作历史情况进行追溯。这种基于模块内部信息的追溯被称为内部追溯，而对不同模块之间数据调用的追溯被称为外部追溯。

在电力工程数字监理平台可追溯框架的基础上，利用数据流程图对其进行更为详尽的分析。可追溯单元（TRU）是可以进行溯源的最小单位，每一类可追溯单元使用相同标识符

(即名称)进行独一无二的识别。在此基础上,对数字监理平台14个模块内的可追溯单元进行确定和识别。通过对数字监理平台内基础流程的分析,识别出数字监理平台各个模块内的可追溯单元,确定了溯源验证系统(CVS)下电力工程数字监理平台实现可追溯性的整体架构。

数字监理平台的可追溯性使管理人员按照“平台—信息—人员”的路径从产生对平台的信任到对监理人员的信任,信任关系产生的媒介为监理人员的信用体系,这种信用体系由数字监理平台输出的监理人员的履职信息构建。相较于传统的监理人员履职存档信息,其不仅更加完备而且表现出可追溯的特点,可信度更高。监理组织内上下级良好的信任关系,促进组织协调发展,不仅有助于提高监理服务质量和效率,促进整体监理业务管控水平的提高,还为企业转型升级带来活力。

5) 分析了电力工程数字监理平台的技术架构

分析了电力工程数字监理平台的设计思路,并从非功能性需求、安全架构、系统功能及特点、技术路线等方面进行了研究。非功能性需求包括稳定性要求、界面要求、性能要求和易用性要求。安全架构包括输入输出验证、应用交互认证、通信保密性、通信完整性、身份认证、数据保密性、数据完整性和数据可用性。系统功能及特点,包括权限管理、基本数据、地图展示、智能报表、考勤打卡和视频通话。

6) 统计分析了电力工程数字监理平台的运行情况

截至2021年4月7日,人员管理、考勤管理、工程台账、风险管理、问题管理、任务管理、监理日记、地图展示、质量管理、造价管理、教育培训、知识库等12个模块已开发完成,全面上线应用。

在监理队伍管理方面,公司357名监理人员全部在平台进行考勤、资质证书管理;未出现关键人员兼任超规定的情况。

在风险精准管理方面,严格按照“月准备、周安排、日跟踪”的管理模式在平台管控风险,已通过平台管控772项三级风险,27项四级风险,形成旁站记录3 548份,有效抓实了监理对风险的管控力度。在作业计划、监理履职方面,严格按照国网公司安委会“四个管住”的要求,狠抓监理对作业计划的精准掌握,已制定14 637条工作计划,形成7 758份到岗履职记录,监理人员到岗到位覆盖率提升显著。

在问题管理方面,各项目部累计已发现问题3 821条,整改闭环完成3 790条,整改闭环率达99.19%。

质量验收方面,各项目部累计已完成验收1 984个检验批的验收,1 157批次材料、设备的检测试验报告审核,验收数据真实,检查照片齐全。

在队伍技能提升方面,平台教育培训模块开发了培训考试、“学习知监”功能,已组织全员开展春节后培训1次，授课17项专业课程，组织各类安全规范、规程规范考试2次；公司员工在“学习知监”模块踊跃开展技术难题讨论、典型经验分享，形成“钻孔灌注桩护筒埋设要求”等有价值、有推广性的讨论成果4项。此外，已收纳1 749项电力工程建设相关规程规范、重要制度，设置了公司《技术标准清单》、监理工作文件包等标准化指导文件。

电力工程数字监理平台的应用实现了监理履职痕迹全过程监督、监理工程全过程管控，保证监理人员行为信息可追溯，抑制监理人员机会主义行为；通过人员分类分级管控并对不同人员进行数据权限管理，保证了管理人员掌握项目现场监理工作信息，缓解传统监理工作中信息不对称问题；通过安全风险全生命周期管控、业务全方位贯通协同，有效提升了监理企业管理扁平化程度，提高了管理效能和全局把控能力。因此，数字监理平台的推广使用是切实可行的，是顺应行业发展、助力企业转型的必然选择。

毫无疑问，电力工程数字监理平台的研发和应用，为电力工程监理行业基于平台进行转型升级奠定了坚实的基础，代表着行业转型升级的必然方向。

参考文献

[1] 陈启清. 加快建设社会信用体系[N]. 学习时报,2014-02-24(1).

[2] 俞思念. 我国社会信用体系建设的进程探究[J]. 学习论坛,2016,32(2):14-17.

[3] 电力行业信用体系建设办公室. 大力推进信用建设 加快构建信用中国[J]. 大众用电,2016,31(4):9-10.

[4] 新华社. 加快推进社会信用体系建设 构建以信用为基础的新型监管机制[J]. 上海质量,2019(07):6.

[5] 连维良. 加快推进信用建设 积极构建信用中国[J]. 宏观经济管理,2015(11):4-9.

[6] 张丽丽,章政. 新时代社会信用体系建设:特色、问题与取向[J]. 新视野,2020(4):62-67.

[7] 吴晶妹. 从信用的内涵与构成看大数据征信[J]. 首都师范大学学报(社会科学版),2015(6):66-72.

[8] 韩家平. 数字时代的交易模式与信用体系[J]. 首都师范大学学报(社会科学版),2020(4):59-66.

[9] 张丽丽. 由组织信任到平台信任:平台经济中的信用制度研究:基于广义信用内涵分析的视角[J]. 企业经济,2020,39(10):51-57.

[10] 章政,张丽丽. 论从狭义信用向广义信用的制度变迁:信用、信用经济和信用制度的内涵问题辨析[J]. 征信,2019,37(12):1-8.

[11] 张丽丽,章政. 数字社会背景下我国公共信用制度的演进:由狭义信用向信息信用的制度变迁[J]. 征信,2020,38(11):9-16.

[12] Rochet J C,Tirole J. Two-Sided Markets:an overview[J]. Toulouse,2004,51(11):233-260.

[13] Rochet J C,Tirole J. Two-sided markets:a progress report[J]. The RAND Journal of Economics,2006,37(3):645-667.

[14] Roson R. Two-sided markets:a tentative survey[J]. Review of Network Economics,2005,4(2):142-160.

[15] Armstrong M. Competition in two-sided markets[J]. The RAND Journal of Economics,2006,37(3):668-691.

[16] Wright J. One-sided logic in two-sided markets[J]. Review of Network Economics,2004,3(1):42-63.

[17] Evans D S. The antitrust economics of multi-sided platform markets[J]. Yale Journal on Regulation,2003,20(2):325-431.

[18] Katz M L,Shapiro C. Network externalities,competition,and compatibility[J]. American Economic Review,1985,75(3):424-440.

[19] Farrell J, Saloner G. Installed base and compatibility: innovation, product preannouncements, and predation[J]. American Economic Review, 1986, 76(5): 940 - 955.

[20] Economides N. The economics of networks[J]. International Journal of Industrial Organization, 1996, 14(6): 673 - 699.

[21] 帅旭. 网络外部性的内生机理及其在市场竞争中的效应研究[D]. 上海:上海交通大学, 2003.

[22] Coase R H. The nature of the firm[J]. Economica, 1937, 4(16): 386 - 405.

[23] Rysman M. The economics of two-sided markets[J]. Journal of Economic Perspectives, 2009, 23(3): 125 - 143.

[24] Choi J P. Tying in two-sided markets with multi-homing[J]. The Journal of Industrial Economics, 2010, 58(3): 607 - 626.

[25] 翟学伟,薛天山. 社会信任:理论及其应用[M]. 北京:中国人民大学出版社, 2014.

[26] Mayer R C, Davis J H, Schoorman F D. An integrative model of organizational trust[J]. Academy of Management Review, 1995, 20(3): 709 - 734.

[27] Taylor R G. The role of trust in labor-management relations[J]. Organization Development Journal, 1989, 7(2): 85 - 89.

[28] Lewicki R J, Bunker B B. Developing and maintaining trust in work relationships[J]. Trust in Organizations: Frontiers of Theory and Research, 1996, 114: 139.

[29] Rousseau D M, Sitkin S B, Burt R S, et al. Not so different after all: a cross-discipline view of trust[J]. Academy of Management Review, 1998, 23(3): 392 - 404.

[30] Homans G C. The humanities and the social sciences[J]. American Behavioral Scientist, 1961, 4(8): 2 - 6.

[31] Menon N, Konana P, Browne G, et al. Understanding trustworthiness beliefs in electronic brokerage usage[J]. ICIS 1999 Proceedings, 1999, 63: 552 - 555.

[32] Stewart K. Transference as a means of building trust in world wide web sites[J]. ICIS 1999 Proceedings, 1999: 47, 459 - 464.

[33] Williamson O E. The Mechanisms of governance[M]. New York: Oxford University, 1996.

[34] Luhmann N. Trust and power[M]. London: John Wiley & Sons, 1979.

[35] Lewis J D, Weigert A. Trust as a social reality[J]. Social Forces, 1985, 63(4): 967 - 985.

[36] McKnight D H, Chervany N L. Conceptualizing trust: a typology and e-commerce customer relationships model[C]//Proceedings of the 34th Annual Hawaii International Conference on System Sciences. IEEE, 2001: 10.

[37] McKnight D H, Choudhury V, Kacmar C. Developing and validating trust measures for e-commerce: an integrative typology[J]. Information Systems Research, 2002, 13(3): 334 - 359.

[38] McKnight D H, Chervany N L. What trust means in e-commerce customer relationships: an interdisciplinary conceptual typology[J]. International Journal of Electronic Commerce, 2001, 6(2): 35 - 59.

[39] McKnight D H, Carter M, Thatcher J B, et al. Trust in a specific technology: an investigation of its components and measures[J]. ACM Transactions on Management Information Systems(TMIS), 2011, 2(2): 1-25.

[40] Gefen D. Reflections on the dimensions of trust and trustworthiness among online consumers[J]. ACM SIGMIS Database: the DATABASE for Advances in Information Systems, 2002, 33(3): 38-53.

[41] Gefen D. What makes an ERP implementation relationship worthwhile: linking trust mechanisms and ERP usefulness[J]. Journal of Management Information Systems, 2004, 21(1): 262-288.

[42] Gefen D, Benbasat I, Pavlou P. A research agenda for trust in online environments[J]. Journal of Management Information Systems, 2008, 24(4): 275-286.

[43] Gefen D, Heart T H. On the need to include national culture as a central issue in e-commerce trust beliefs[J]. Journal of Global Information Management(JGIM), 2006, 14(4): 1-30.

[44] Pavlou P A, Dimoka A. The nature and role of feedback text comments in online marketplaces: implications for trust building, price premiums, and seller differentiation[J]. Information Systems Research, 2006, 17(4): 392-414.

[45] Nicolaou A I, McKnight D H. Perceived information quality in data exchanges: effects on risk, trust, and intention to use[J]. Information Systems Research, 2006, 17(4): 332-351.

[46] McKnight D H, Choudhury V, Kacmar C. The impact of initial consumer trust on intentions to transact with a web site: a trust building model[J]. The Journal of Strategic Information Systems, 2002, 11(2—4): 297-323.

[47] 蒋海. 不对称信息、不完全契约与中国的信用制度建设[J]. 财经研究, 2002, 28(2): 26-29.

[48] 杨太康. 我国信用主体的经济功能及其错位的原因解析[J]. 经济问题, 2004(10): 19-21.

[49] 刘建洲. 社会信用体系建设: 内涵、模式与路径选择[J]. 中共中央党校学报, 2011, 15(3): 50-53.

[50] 马强. 共享经济在我国的发展现状、瓶颈及对策[J]. 现代经济探讨, 2016(10): 20-24.

[51] 吴晶妹, 王银旭. 以诚信度为基础的个人信用全面刻画初探: 基于 WU's 三维信用论视角[J]. 现代管理科学, 2017(12): 2-5.

[52] Zucker L G. Production of trust: institutional sources of economic structure, 1840—1920[J]. Research in Organizational Behavior, 1986, 8: 53-111.

[53] 阎爽. 政治信任, 人际信任对公众非传统政治参与的影响: 以中国大陆为例[J]. 青年时代, 2017, 000(024): 92-96.

[54] Yu M, Saleem M, Gonzalez C. Developing trust: first impressions and experience[J]. Journal of Economic Psychology, 2014, 43: 16-29.

[55] Nyhan R C, Marlowe Jr H A. Development and psychometric properties of the organizational trust inventory[J]. Evaluation Review, 1997, 21(5): 614-635.

[56] 祁顺生, 贺宏卿. 组织内信任的影响因素[J]. 心理科学进展, 2006, 14(6): 918-923.

[57] 郑伯. 企业组织中上下属的信任关系[J]. 社会学研究, 1999, 14(2): 24-39.

[58] 李宁，严进. 组织信任氛围对任务绩效的作用途径[J]. 心理学报，2007，19(6)：1111－1121.

[59] Leonard L N K，Jones K. Trust in C2C electronic commerce：ten years later[J]. Journal of Computer Information Systems，2019(61)：1－7.

[60] Jarvenpaa S L，Tractinsky N，Vitale M. Consumer trust in an internet store[J]. Information Technology and Management，2000，1(1)：45－71.

[61] Hawlitschek F，Teubner T，Weinhardt C. Trust in the sharing economy[J]. Die Unternehmung，2016，70(1)：26－44.

[62] 杨文君，潘勇，陈家伍. 共享情境下服务提供商信任对重复使用的影响研究：技术信任的调节作用[J]. 预测，2020，39(6)：54－61.

[63] 李立威，王伟. 分享经济中的制度保障、平台信任与人际信任研究：服务提供方视角[J]. 科技促进发展，2020，16(6)：618－626.

[64] DeSanctis G，Poole M S. Capturing the complexity in advanced technology use：adaptive structuration theory[J]. Organization Science，1994，5(2)：121－147.

[65] Ratnasingam P，Pavlou P A. Interorganizational electronic commerce[J]. Journal of Electronic Commerce in Organizations(JECO)，2003，1(1)：17－41.

[66] Ratnasingam P，Pavlou P A，Tan Y. The importance of technology trust for B2B electronic commerce [C]//15th Bled Electronic Commerce Conference eReality：Constructing the eEconomy，Bled，Slovenia，2002.

[67] Kallinikos J. Governing through technology：information artefacts and social practice[M]. Berlin：Springer，2010.

[68] 谢康，谢永勤，肖静华. 消费者对共享经济平台的技术信任：前因与调节[J]. 信息系统学报，2018(1)：1－14.

[69] 王晓雯. 房地产网络平台信任形成机理研究[D]. 南京：东南大学，2017.

[70] Pryke S. Managing networks in project-based organisations[M]. Hoboken：Wiley Blackwell，2017.

[71] Yin G，Wang Y，Dong Y，et al. Wright-Fisher multi-strategy trust evolution model with white noise for internetware[J]. Expert Systems with Applications，2013，40(18)：7367－7380.

[72] 汪青松. 信任机制演进下的金融交易异变与法律调整进路：基于信息哲学发展和信息技术进步的视角[J]. 法学评论，2019，37(5)：82－94.

[73] Ajzen I. From intentions to actions：a theory of planned behavior[M]. Berlin：Springer，1985.

[74] Davis F D. Perceived usefulness，perceived ease of use，and user acceptance of information technology [J]. MIS Quarterly，1989：319－340.

[75] Yoon S J. The antecedents and consequences of trust in online-purchase decisions[J]. Journal of Interactive Marketing，2002，16(2)：47－63.

[76] Fishbein M，Ajzen I. Belief，attitude，intention，and behavior：an introduction to theory and research [J]. 1977.

[77] McKnight D H,Chervany N L. What trust means in e-commerce customer relationships:an interdisciplinary conceptual typology[J]. International Journal of Electronic Commerce,2001,6(2):35 - 59.

[78] McKnight D H,Carter M,Thatcher J B,et al. Trust in a specific technology:an investigation of its components and measures[J]. ACM Transactions on Management Information Systems(TMIS),2011,2(2):1 - 25.

[79] Riegelsberger J,Sasse M A,McCarthy J D. The mechanics of trust:a framework for research and design[J]. International Journal of Human-Computer Studies,2005,62(3):381 - 422.

[80] Savery L K,Waters H J. Influence and trust in a multinational company[J]. Journal of Managerial Psychology,1989,4(3):23 - 26.

[81] Ou C X,Pavlou P A,Davison R M. Swift guanxi in onlie marketplaces:the role of computer-mediated communication technologies[J]. MIS Quarterly,2014,38(1):209 - 230.

[82] Li X,Rong G,Thatcher J B. Does technology trust substitute interpersonal trust?:examining technology trust's influence on individual decision-making[J]. Journal of Organizational and End User Computing(JOEUC),2012,24(2):18 - 38.

[83] Möhlmann M,Geissinger A. Trust in the sharing economy:platform-mediated peer trust[J]. The Cambridge Handbook of the Law of the Sharing Economy,2018,70(1):26 - 44.

[84] 谢康,肖静华. 电子商务信任:技术与制度混合治理视角的分析[J]. 经济经纬,2014,31(3):60 - 66.

[85] 谢康,谢永勤,肖静华. 共享经济情境下的技术信任:数字原生代与数字移民的差异分析[J]. 财经问题研究,2018,4:99 - 107.

[86] Raub W,Weesie J. The management of durable relations[C]. Thela Thesis:Amsterdam,2000.

[87] 汪鸿昌,肖静华,谢康,等. 食品安全治理:基于信息技术与制度安排相结合的研究[J]. 中国工业经济,2013,3:98 - 110.

[88] Ratnasingam P. Trust in inter-organizational exchanges:a case study in business to business electronic commerce[J]. Decision Support Systems,2005,39(3):525 - 544.

[89] 邹宇春,敖丹,李建栋. 中国城市居民的信任格局及社会资本影响:以广州为例[J]. 中国社会科学,2012(5):131 - 148,207.

[90] McAllister D J. Affect-and cognition-based trust as foundations for interpersonal cooperation in organizations[J]. Academy of Management Journal,1995,38(1):24 - 59.

[91] Lusk J L,Tonsor G T,Schroeder T C,et al. Effect of government quality grade labels on consumer demand for pork chops in the short and long run[J]. Food Policy,2018,77:91 - 102.

[92] Zhu X,He Q,Guo S. Application of block chain technology in supply chain finance[J]. China's Circulation Economy,2018,32(3):111 - 119.

[93] Canavari M,Centonze R,Hingley M,et al. Traceability as part of competitive strategy in the fruit supply chain[J]. Brit. Food J,2010,112(2):171 - 186.

[94] Kehagia O,Chrysochou P,Chryssochoidis G,et al. European consumers' perceptions,definitions and ex-

pectations of traceability and the importance of labels, and the differences in these perceptions by product type[J]. Sociologia Ruralis, 2007, 47(4): 400 - 416.

[95] Liu R, Gao Z, Nayga Jr R M, et al. Consumers' valuation for food traceability in China: does trust matter? [J]. Food Policy, 2019, 88: 1 - 17.

[96] Rimpeekool W, Seubsman S, Banwell C, et al. Food and nutrition labelling in Thailand: a long march from subsistence producers to international traders[J]. Food Policy, 2015, 56: 59 - 66.

[97] Li S, Zhu C, Chen Q, et al. Consumer confidence and consumers' preferences for infant formulas in China[J]. Journal of Integrative Agriculture, 2019, 18(8): 1793 - 1803.

[98] Hidayanto A N, Prabowo H. The latest adoption blockchain technology in supply chain management: a systematic literature review[J]. ICIC Express Letters, 2019, 13(10): 913 - 920.

[99] Tse D, Zhang B, Yang Y, et al. Blockchain application in food supply information security[C]//2017 IEEE International Conference on Industrial Engineering and Engineering Management(IEEM). IEEE, 2017: 1357 - 1361.

[100] Alfian G, Rhee J, Ahn H, et al. Integration of RFID, wireless sensor networks, and data mining in an e-pedigree food traceability system[J]. Journal of Food Engineering, 2017, 212: 65 - 75.

[101] Gandino F, Montrucchio B, Rebaudengo M. A security protocol for RFID traceability[J]. International Journal of Communication Systems, 2017, 30(6): e3109.

[102] Tian F. An agri-food supply chain traceability system for China based on RFID & blockchain technology[C]//2016 13th International Conference on Service Systems and Service Management(ICSSSM). IEEE, 2016: 1 - 6.

[103] Bilal Z, Martin K. A hierarchical anti-counterfeit mechanism: securing the supply chain using RFIDs [C]//International Symposium on Foundations and Practice of Security. Springer, Cham, 2013: 291 - 305.

[104] Information Security Applications: 19th International Conference, WISA 2018, Jeju Island, Korea, August 23 - 25, 2018, Revised Selected Papers[C]. Berlin: Springer, 2019.

[105] Tian F. An information system for food safety monitoring in supply chains based on HACCP, blockchain and internet of things[D]. Vienna: WU Vienna University of Economics and Business, 2018.

[106] Rabah K. Convergence of AI, IoT, big data and blockchain: a review[J]. The Lake Institute Journal, 2018, 1(1): 1 - 18.

[107] Kamath R. Food traceability on blockchain: walmart's pork and mango pilots with IBM[J]. The Journal of the British Blockchain Association, 2018, 1(1): 3712.

[108] Yiannas F. A new era of food transparency powered by blockchain[J]. Innovations: Technology, Governance, Globalization, 2018, 12(1 - 2): 46 - 56.

[109] Boschi A A, Borin R, Raimundo J C, et al. An exploration of blockchain technology in supply chain management[J]. 22nd Cambridge International Manufacturing Symposium, 2018.

[110] Kumar M V, Iyengar N C S. A framework for Blockchain technology in rice supply chain management[J]. Adv. Sci. Technol. Lett, 2017, 146: 125 - 130.

[111] Kumar N M, Mallick P K. Blockchain technology for security issues and challenges in IoT[J]. Procedia Computer Science, 2018, 132: 1815 - 1823.

[112] Xu L D, Xu E L, Li L. Industry 4.0: state of the art and future trends[J]. International Journal of Production Research, 2018, 56(8): 2941 - 2962.

[113] Gershenfeld N, Krikorian R, Cohen D. The internet of things[J]. Scientific American, 2004, 291(4): 76 - 81.

[114] Sarma A C, Girão J. Identities in the future internet of things[J]. Wireless Personal Communications, 2009, 49(3): 353 - 363.

[115] Gonzalez G R, Organero M M, Kloos C D. Early infrastructure of an internet of things in spaces for learning[C]//2008 eighth IEEE International Conference on Advanced Learning Technologies. IEEE, 2008: 381 - 383.

[116] Yan Z, Zhang P, Vasilakos A V. A survey on trust management for internet of things[J]. Journal of Network and Computer Applications, 2014, 42: 120 - 134.

[117] Lee I, Lee K. The Internet of Things (IoT): applications, investments, and challenges for enterprises [J]. Business Horizons, 2015, 58(4): 431 - 440.

[118] Atzori L, Iera A, Morabito G. The internet of things: a survey[J]. Computer Networks, 2010, 54(15): 2787 - 2805.

[119] Wortmann F, Flüchter K. Internet of things[J]. Business & Information Systems Engineering, 2015, 57(3): 221 - 224.

[120] International Organization for Standardization. Traceability in the feed and food chain: general principles and basic requirements for system design and implementation[M]. Geneva, Switzerland: International Organization for Standardization, 2007.

[121] Cheng M J, Simmons J E L. Traceability in manufacturing systems[J]. International Journal of Operations & Production Management, 1994, 14(10): 4 - 16.

[122] Opara L U, Mazaud F. Food traceability from field to plate[J]. Outlook on Agriculture, 2001, 30(4): 239 - 247.

[123] Bollen A F, Riden C P, Opara L U. Traceability in postharvest quality management[J]. International Journal of Postharvest Technology and Innovation, 2006, 1(1): 93 - 105.

[124] García H, Santos E, Windels B. Traceability management architectures supporting total traceability in the context of software engineering[J]. Sixth International Conference on Information Research and Applications, 2008: 17 - 23.

[125] Lindvall M, Sandahl K. Practical implications of traceability[J]. Software: Practice and Experience, 1996, 26(10): 1161 - 1180.

[126] Moe T. Perspectives on traceability in food manufacture[J]. Trends in Food Science & Technology, 1998, 9(5): 211 - 214.

[127] Aung M M, Chang Y S. Traceability in a food supply chain: safety and quality perspectives[J]. Food Control, 2014, 39: 172 - 184.

[128] Kim H M, Fox M S, Gruninger M. An ontology of quality for enterprise modelling[C]. IEEE, 1995: 105 - 116.

[129] Karlsen K M, Donnelly K, Olsen P. Granularity and its importance for traceability in a farmed salmon supply chain[J]. Journal of Food Engineering, 2011, 102(1): 1 - 8.

[130] Borit M, Olsen P. Evaluation framework for regulatory requirements related to data recording and traceability designed to prevent illegal, unreported and unregulated fishing[J]. Marine Policy, 2012, 36(1): 96 - 102.